Sabine Witfeld

Obedience

Hundesport mit Freude und Präzision

59 Fotos

16 Zeichnungen

Ulmer

Inhalt

Leidenschaft Obedience

Freude und Spaß mit dem Hund: Das sind die zwei wichtigsten Dinge, um mit seinem vierpfotigen Partner langfristig Erfolg zu haben. Das ist auch im Obedience-Sport so. Es ist mir ein besonderes Anliegen, den Hundeführer so zu sensibilisieren, dass er mit Freude bei der Sache ist. Bei der Ausbildung meiner eigenen Hunde und denen meiner Kunden ist es mir nicht wichtig, einen schnellen Erfolg vorweisen zu können. Vielmehr soll das Mensch-Hund-Team nach seinem ganz individuellen Zeitfenster die Übung in Perfektion zeigen und dabei vor Begeisterung glänzende Augen haben. Meine Erfahrung hat mir gezeigt, dass selbst ein „alter Hase“ wie mein Scotty immer noch Perfektion und Freude zeigen kann, wenn das Training im gesundheitlichen wie auch im leistungsbezogenen Bereich vernünftig gestaltet wurde.

Neben Anregungen für die Übungen gebe ich in diesem Buch Hinweise auf mögliche Fehler und ihre Quellen sowie Korrekturmöglichkeiten. Viele hilfreiche Tipps zur Problemlösung bzw. -vorbeugung ergänzen die einzelnen Kapitel.

Hilfsmittel zur Vermittlung einer Übung setze ich sehr wenig ein. Falls es doch einmal dazu kommt, sollte diese Hilfe ziemlich kurz und mit abschwächender Intensität genutzt werden.

Für Obedience-Profis kann dieses Buch Anregungen zu Prozessen geben, die zwischenzeitlich in den hinteren Teil des Gedächtnisses geraten sind.

Ein gutes Team kann man zusammenstellen. Ein perfektes Team wächst mit seinen Aufgaben! In diesem Sinne wünsche ich Ihnen ein erfolgreiches Training mit dem Fokus auf dem einzelnen Element. Jedes ist für sich von großer Wichtigkeit.

Ihre Sabine Witfeld

Basiswissen

Wie uns bereits der Name vermittelt, ist das Herkunftsland des Obedience-Sports Großbritannien. „To obey" bedeutet gehorchen (oder: Befehle befolgen, Folge leisten). Obedience, so wie es heute betrieben wird, ist ein Ableger der Working Trials. Um die Wurzeln des Obedience-Sports zu finden, muss man also die Entwicklung der Working Trials betrachten. Diese wurden unmittelbar nach dem ersten Weltkrieg populär. Schon während des ersten Weltkriegs waren Hunde als Kriegshunde eingesetzt worden. Viele Heimkehrer hatten gesehen, in welchen Bereichen die Hunde ihre Verwendung gefunden hatten und wollten diese Arbeitsqualitäten weiterhin nutzen und Hunde in den Working Trials ausbilden. Zu dieser Zeit war die am meisten verbreitete Rasse der „Alsatian" – der Deutsche Schäferhund. Der Name „Alsatian" war nach dem ersten Weltkrieg in England auf Grund der anti-deutschen Stimmung einführt worden. Die erste Vereinigung, die bereits 1919 wettkampfmäßig Working Trials durchführte, war der im Kennel Club registrierte „Alsatian Wolf Dog Club". Das erste öffentliche Working Trial fand am 31. Januar 1924 im Old Crystal Palace in London statt. Zugelassen waren ausschließlich Deutsche Schäferhunde, die von drei Richtern beurteilt wurden. Die Hunde konnten in drei unterschiedlichen Disziplinen vorgeführt werden. Hier taucht nun auch zum ersten Mal der Begriff Obedience auf, denn eine dieser Disziplinen hieß „General Obedience".

Der erste reine Obedience-Test fand am 22. Oktober 1949 im Norden Londons statt. Diese Prüfung war für alle Rassen offen. 55 Hunde waren für diesen Wettbewerb gemeldet, davon 47 Deutsche Schäferhunde, drei Welsh Corgi Pembrokes, zwei Cocker Spaniel und jeweils ein Sheltie, ein Schnauzer und ein Golden Retriever. Man beachte, dass kein einziger Border Collie oder Working Sheepdog gemeldet war.

Bis 1950 zeigte der englische Kennel Club wenig Interesse an Obedience-Shows. Es ist Ken Butler, Bob Montgomery, George Sly, den Schäferhundeleuten und ihrer unermüdlichen Beharrlichkeit zu verdanken, dass der Kennel Club bald Notiz von Obedience nahm. Bald schon interessierten sich viele Hundehalter für Hundeausbildung und besonders für Obedience.

1951 gab es die erste Obedience-Demonstration auf der Crufts. Ab 1955 fanden jährlich die Crufts Obedience-Championships statt. Bald schon begannen Border Collies und Working Sheepdogs die Obedience-Szene zu dominieren. Seitdem ist es eher ungewöhnlich, dass ein Hund einer anderen Rasse gewinnt. Deshalb werden in England Wettkämpfe veranstaltet, an denen Border Collies und Working Sheepdogs nicht zugelassen sind. Das gilt natürlich nicht für die Ticketshows (Qualifikationen für die Crufts). Im Jahr 2005 hat übrigens nach langer Zeit wieder ein Deutscher Schäferhund gewonnen.

In England wird Obedience heute mit ungebrochener Begeisterung und ungeheurer Präzision ausgeübt.

Obwohl der Ursprung von Obedience in Großbritannien liegt, hat die derzeitige Prüfungsordnung ihre Herkunft in den skandinavischen Ländern, vor allem in Schweden. Denn im Gegensatz zu England wurde Schweden bereits 1990 Vollmitglied der FCI (Fédération Cynologique Internationale), ab diesem Zeitpunkt galt die schwedische Prüfungsordnung. Seither wurde die Prüfungsordnung mehrmals überarbeitet. In diesem Buch finden Sie nun die aktuelle Version der internationalen Obedience-Klassen 1 bis 3 sowie die Beginner-Klasse

Faszination Obedience

Das Faszinierende an Obedience ist die unabkömmliche Perfektion des Hundes und die Harmonie zwischen Zwei- und Vierbeiner. Die Möglichkeit, mit kleinstem Einsatz von Hör- und Sichtzeichen das gewünschte Verhalten abzurufen, begeistert immer wieder. Einen Hund zur höchsten Perfektion zu arbeiten ist eine echte Herausforderung.

Es sollte jedoch nicht das alleinige Ziel eines Teams sein, schnell in die Klasse 3 aufzusteigen. Denn im Prinzip ist es keine große Kunst, den Hund in diese „Königsklasse" zu bringen und dort zu führen – dies ist lediglich eine Frage der Technik und des Fleißes. Für eine erfolgreiche Obedience-Laufbahn, die sich über Jahre hinweg erstrecken soll, reicht dies jedoch nicht aus. Das Hauptaugenmerk sollte vielmehr darauf liegen, mit dem Hund eine Einheit zu bilden. Der Vierbeiner lernt, dass er sich in jeder Situation auf seinen Menschen verlassen kann.

Früh übt sich, wer ein richtiger Obedience-Sportler werden will!

Jeder Hund – und jeder Mensch – hat andere Fähigkeiten, jeder hat seinen eigenen Rhythmus. Deswegen kann es nicht die eine, perfekte Ausbildungsmethode geben. Unterschiedliche Ausbildungsmethoden können jedoch immer neue Facetten des Vierbeiners erschließen. Harmonie und Eleganz, Rhythmus und Freude an der gemeinsamen Arbeit sind immer wieder aufs Neue zu suchen und zu finden. Verschiedene Hundeführer betrachten denselben Hund aus unterschiedlichen Perspektiven. Letztlich ist es keine Frage des Begriffes Obedience, sondern es ist die Frage, wie der Sport Obedience von Ausbildern und Hundeführern mit Leben gefüllt wird. Ob dem Hund ein System aufgestülpt werden soll oder ob man ihn als das begreift, was er ist: ein Individuum mit ganz unterschiedlichen Bedürfnissen, Stärken und Schwächen.

Obedience ist ...

- Harmonie und Vertrauen auf höchster Ebene zwischen Hundeführer und Hund.
- abwechslungsreich und ausgesprochen anspruchsvoll.
- konstante Perfektion, wenn es „mit Köpfchen" ausgeübt wird.
- Freude an der Teamarbeit.
- Geschmeidigkeit und Gewandtheit der Hundc.
- Forderung höchster Konzentration von Mensch und Hund.

Grundsätzlich ist dieser Sport für alle gesunden Hunde geeignet – unabhängig von Größe oder Rasse. Auf Wettkampfebene findet man allerdings hauptsächlich Border Collies. Für die Menschen gilt: Obedience kann man bedenkenlos jedem empfehlen, der mit seinem Hund eine vielseitige, interessante Sportart lernen möchte, die über das Niveau der Begleithundeprüfung hinausgeht.

Obedience ist nicht ...

- eine neue Sportart, wie viele denken mögen. In England und den skandinavischen Ländern sowie in Holland und Belgien wird Obedience schon seit vielen Jahrzehnten praktiziert. Lediglich in Deutschland gibt es seit April 2002 eine nationale Prüfungsordnung und ist somit die jüngste anerkannte Hundesportart.
- das unterdrückte Führen des Hundes. Im Gegenteil, in Obedience soll der Hund so ausgebildet sein, dass er nach Aufforderung freudig und selbstständig die gewünschten Aufgaben erfüllt.
- ein Abarbeiten der einzelnen Übungen, in denen der Hund dem Hundeführer völlig willenlos folgt.
- für Menschen geeignet, die keine Geduld und Zeit aufbringen können, um ihrem Hund die Basis in Obedience verständlich zu vermitteln.
- das Brüllen von Kommandos wie auf dem Kasernenhof.
- ein ständiges An-der-Leine-Zerren.

Elemente von Obedience

Im Obedience werden neben den Grundübungen wie Sitz, Platz und Fuß noch viele andere Elemente eingebaut. Dazu gehört z. B. :

- das Apportieren eines Metallapportels.
- das Suchen des Hundeführer-Holzes aus sechs gleich aussehenden Hölzern (Eigenidentifikation).
- die Distanzkontrolle (Sitz, Platz, Steh aus der Entfernung).
- das Voraussenden in ein auf dem Boden markiertes Quadrat.

Zudem wird in der Beginner-Klasse besonders viel Wert auf die Sozialverträglichkeit der Hunde gelegt. Anders als bei der Begleithundeprüfung sind die Kommandos im Obedience nicht vorgegeben, allerdings ist deren Anzahl bei den einzelnen Übungen festgelegt. Details sind in der Prüfungsordnung nachzulesen.

Bewertung bei Wettkämpfen

Die deutsche Obedience Prüfungsordnung sieht vier aufeinander aufbauende Leistungsstufen vor: Beginner-Klasse, Klasse 1, Klasse 2 und Klasse 3. Um in der Beginner-Klasse startberechtigt zu sein, bedarf es in Deutschland einer offiziell bestandenen Begleithundeprüfung.

Der oder die Leistungsrichter (bei Meisterschaften sind es mindestens zwei) vergeben für jede Übung eine Wertnote. Diese wird dann mit dem jeweiligen Koeffizienten der Übung multipliziert. Alle Ergebnisse der einzelnen Übungen werden zu einer Summe addiert. In jeder Klasse im deutschen Reglement können maximal 320 Punkte erreicht werden. Eine Ausnahme ist die neue Klasse 1 und die Beginner-Klasse ab 2013, hier liegt die Gesamtpunktzahl bei 280. Um in die nächsthöhere Klasse aufsteigen zu können, muss je nach Klasse eine gewisse Punktzahl erreicht werden. Zu den Punktewertungen werden außerdem Formwertnoten vergeben, die von der jeweiligen Gesamtpunktezahl abhängig sind: nicht bestanden, gut, sehr gut, vorzüglich.

Die Anforderungen der Übungen in den internationalen Obedience-Klassen 1, 2 und 3 sind in allen Ländern, die nach dem FCI Reglement bewerten, gleich. Somit ist es in diesen Klassen möglich, sich auch im Ausland bei internationalen Wettkämpfen zu messen.

Übersicht der vier Obedience-Klassen für Deutschland

Beginner-Klasse

Nr.	Übung	Koeffizient	Punkte
1	Verhalten gegenüber anderen Hunden	4	40
2	Stehen und Betasten	3	30
3	Gebiss zeigen	1	10
4	Ablage in der Gruppe	3	30
5	Leinenführigkeit	4	40
6	Freifolge	4	40
7	Sitz aus der Bewegung	3	30
8	Kommen auf Befehl	4	40
9	Zurücksenden zum Platz	3	30
10	Bringen	2	20
11	Umgang Mensch-Hund	1	10
	Gesamt Koeffizient/maximale Punktzahl:	23	320

Klasse 1

Nr.	Übung	Koeffizient	Punkte
1	2 Minuten Liegen in einer Gruppe Hundeführer ist außer Sicht	3	30
2	Fußarbeit – Freifolge	3	30
3	Steh aus der Bewegung	2	20
4	Abrufen	3	30
5	Sitz aus der Bewegung	2	20
6	In ein Quadrat schicken	4	40
7	Apportieren	3	30
8	Distanzkontrolle	3	30
9	Sprung über die Hürde	3	30
10	Gesamteindruck	2	20
	Gesamt Koeffizient/maximale Punktzahl:	28	280

Klasse 2

Nr.	Übung	Koeffizient	Punkte
1	1 Minuten Sitzen in der Gruppe Hundeführer in Sicht des Hundes	2	20
2	Fußarbeit – Freifolge	3	30
3	Steh und Sitz aus der Bewegung	3	30
4	Abrufen mit Steh	4	40
5	In ein Quadrat schicken mit Platz und Abrufen	4	40
6	Apportieren mit Richtungsanweisung	3	30
7	Identifizieren	4	40
8	Distanzkontrolle	4	40
9	Apport eines metallenen oder hölzernen Gegenstandes über die Hürde	3	30
10	Gesamteindruck	2	20
	Gesamt Koeffizient/maximale Punktzahl:	32	320

Klasse 3

Nr.	Übung	Koeffizient	Punkte
1	2 Minuten sitzen ohne Sichtkontakt	3	30
2	4 Minuten liegen ohne Sichtkontakt	2	20
3	Freifolge	3	30
4	Steh, Sitz und Platz aus der Bewegung	3	30
5	Abrufen mit Steh und Platz	4	30
6	In ein Quadrat schicken mit Platz und Abrufen	4	40
7	Apportieren mit Richtungsanweisung	3	30
8	Metallapport über die Hürde	3	30
9	Geruchsunterscheidung aus 6 Gegenständen	3	30
10	Distanzkontrolle	4	40
	Gesamt Koeffizient/maximale Punktzahl:	32	320

Österreich und Schweiz

In Österreich existiert eine Beginner-Klasse seit 2011, auch das Reglement der Klassen 1 und 2 (früher „Gehorsamsprüfungen GH") wurde zum 1. 1. 2012 auf internationalen Standard umgestellt. Die internationale Klasse 3 ist in allen Ländern, die der FCI angeschlossen sind, identisch.

Österreich: Beginner-Klasse

Nr.	Übung	Koeffizient	Punkte
1	Verhalten gegenüber anderen Hunden	4	40
2	Gebiss zeigen	2	20
3	1 Minute Ablegen in der Gruppe	2	20
4	Leinenführigkeit	3	30
5	Freifolge	4	40
6	Platz aus der Bewegung	2	20
7	Kommen auf Anordnung	4	40
8	Zurücksenden zum Platz	2	20
9	Apport auf ebener Erde	3	30
10	Umgang Mensch/Hund	2	20
	Gesamtpunktzahl:	28	280

Österreich: Klasse 1

Nr.	Übung	Koeffizient	Punkte
1	2 Minuten Liegen in einer Gruppe Hundeführer ist außer Sicht	3	30
2	Fußarbeit – Freifolge	3	30
3	Steh aus der Bewegung	2	20
4	Abrufen	3	30
5	Sitz aus der Bewegung	2	20
6	In ein Quadrat schicken	4	40
7	Apportieren	3	30
8	Distanzkontrolle	3	30
9	Sprung über die Hürde	3	30
10	Gesamteindruck	2	20
	Gesamt Koeffizient/maximale Punktzahl:	28	280

Österreich: Klasse 2

Nr.	Übung	Koeffizient	Punkte
1	1 Minuten Sitzen in der Gruppe Hundeführer in Sicht des Hundes	2	20
2	Fußarbeit – Freifolge	3	30
3	Steh und Sitz aus der Bewegung	3	30
4	Abrufen mit Steh	4	40
5	In ein Quadrat schicken mit Platz und Abrufen	4	40
6	Apportieren mit Richtungsanweisung	3	30
7	Identifizieren	4	40
8	Distanzkontrolle	4	40
9	Apport eines metallenen oder hölzernen Gegenstandes über die Hürde	3	30
10	Gesamteindruck	2	20
	Gesamt Koeffizient/maximale Punktzahl:	32	320

Schweiz: Beginner-Klasse

Nr.	Übung	Koeffizient	Punkte
1	Sitzen in der Gruppe, 30 Sekunden	3	30
2	Ablegen in der Gruppe, 1 Minute	2	20
3	Freifolge	3	30
4	Platz aus der Bewegung	3	30
5	Heranrufen in die Grundposition	4	40
6	Voransenden in ein Viereck	4	40
7	Bringen	3	30
8	Bringen über die Hürde	3	30
9	Eigenidentifikation	3	30
10	Distanzkontrolle	4	40
	Gesamt Koeffizient/maximale Punktzahl:	32	320

Schweiz: Klasse 1

Nr.	Übung	Koeffizient	Punkte
1	Sitzen in der Gruppe, 1 Minute	3	30
2	Ablegen in der Gruppe, 2 Minuten	2	20
3	Freifolge	3	30
4	Platz aus der Bewegung	3	30
5	Heranrufen mit Platz	4	40
6	Voransenden in ein Viereck	4	40
7	Bringen	3	30
8	Bringen über die Hürde	3	30
9	Eigenidentifizierung aus 4 Gegenständen	3	30
10	Distanzkontrolle	4	40
	Gesamt Koeffizient/maximale Punktzahl:	32	320

Für ein gutes Training gibt es kein schlechtes Wetter.

Schweiz: Klasse 2

Nr.	Übung	Koeffizient	Punkte
1	Sitzen in der Gruppe, 1 Minute	3	30
2	Ablegen in der Gruppe mit Ablenkung, 2 Minuten	2	20
3	Freifolge	3	30
4	Sitz und Platz aus der Bewegung	3	30
5	Heranrufen mit Steh	4	40
6	Voransenden in ein Viereck	4	40
7	Bringen	3	30
8	Bringen über die Hürde	3	30
9	Eigenidentifizierung aus 5 Gegenständen	3	30
10	Distanzkontrolle	4	40
	Gesamt Koeffizient/maximale Punktzahl:	32	320

Spieltypen und ihr Spielzeug

Beim Spielen werden die körperlichen und geistigen Fähigkeiten des Hundes optimal trainiert und gleichzeitig die Bindung zwischen Hund und Halter gefestigt. Hunde lieben es mit „ihren“ Menschen zu spielen. Das macht Spaß und hält Zwei- und Vierbeiner fit. Das gemeinsame Spielen ist aber auch eine optimale Möglichkeit, den Hund bei seinen Aufgaben in Obedience zu bestätigen.

Jeder Welpe sollte lernen, mit seinem Menschen zu spielen. Leider wird in vielen Welpenspielstunden vernachlässigt, den Hundebesitzern theoretisch wie praktisch über einen vernünftigen Aufbau des gemeinsamen Spielens mit dem Hund zu unterrichten. Dabei ist dies nicht nur unter Artgenossen wichtig, sondern auch zwischen Mensch und Hund eine zentrale Grundlage für ein späteres optimales Training. Der Futtertrieb ist in den ersten Lebenswochen eines Welpen der vordergründige Trieb. Im Laufe der Zeit sollte er bei gezieltem Training in seiner Priorität vom Beutetrieb abgelöst werden.

Welches Spielzeug für welchen Hund?

Jeder Mensch und jeder Hund hat seine persönlichen Vorlieben. Aber nicht nur das: Will man den Hund in der Ausbildung korrekt bestätigen, wird dies ganz erheblich vom perfekten Zeitpunkt des Lobens, der passenden Spieltechnik sowie dem optimalen Spielzeug beeinflusst.

Hundebesitzer mit hundesportlichen Ambitionen sollten den Vierbeiner sowohl auf Futter als auch auf Beuteobjekte konditionieren. Das kann z. B. ein Zerrspielzeug oder eine Beißwurst für die Bestätigung nah am Hundeführer sein. Für das Loben auf Distanz wählt man einen Ball oder ein anderes Objekt, das man gut werfen kann. Das Spielzeug muss zum Alter und Temperament des Vierbeiners passen.

Merke:
Welpen und ältere Hunde bevorzugen häufig weichere Materialien wie Naturkautschuk, Plüsch oder Fleece. Auch eine weiche Beißwurst wird gerne genommen.

Bei einem verhaltenen, triebschwachen Hund sollte ein besonderes Augenmerk auf die Spielzeugwahl gelegt werden. Hier führt häufig neben einem Futtersack auch eine Reizangel zum gewünschten Erfolg. Quietschende Gummispielzeuge schmerzen vielleicht so manche Menschenohren, sind jedoch bei den meisten Vierbeinern sehr beliebt.

Oft kann man beobachten, dass junge Hunde von Ihren Hundehaltern am Zerrspielzeug hängend durch die Luft geschleudert werden. Ganz unabhängig davon, dass diese Praktik ohnehin diskussionswürdig ist – zum Zeitpunkt des Zahnwechsels sollte sie im Interesse des Hundes unterlassen werden. Auch die Gewöhnung an das Metallapportel gehört in die Trainingsphase nach dem Zahnungsprozess.

Pauschalisieren kann man die Vorlieben der Hunde für Spielzeuge sicherlich nicht. Um der Motivationsbreite und dem Spieltyp des Hundes gerecht zu werden, macht es Sinn, verschiedene Hundespielsachen im Training einzusetzen. Um Geschwindigkeit in eine Übung zu bringen, sollte ein Spielzeug gewählt werden, das den Hund besonders motiviert. Will man einen Hund auf Distanz schnell bestätigen, bietet sich ein Ball sehr gut an. Zerrspielzeuge wie Beißwurst, Baumwollknoten, Tau oder Fleecekordel dienen dazu, den Hund nah am Menschen zu bestätigen. Damit wird ein zeitnahes Weiterarbeiten ermöglicht, was z. B. beim Training der Fußarbeit sehr hilfreich ist.

Manche Hunde interessieren sich mehr für Fressen als für Spiele. Bei diesen Kandidaten kann ein Futterbeutel, bekannt aus der Dummyarbeit, wahre Wunder wirken.

Diese beiden passen zusammen: ein Border Collie und sein Lieblingsspielzeug.

Auch Spielen will gelernt sein!

Es macht wenig Sinn, den Hund eintönig hinter einem Bällchen hinterherrennen zu lassen. Anschließend flitzt der Vierbeiner vielleicht noch mehrere Runden mit seiner Beute (dem Ball) über die Wiese. Im schlimmsten Fall muss der Hundebesitzer seinem Hund nachlaufen, um den Frechdachs samt Ball einzufangen. Von einem Miteinander kann hier keine Rede sein.

Wir werden von Anfang an eine wichtige Spielregel einführen: „Das Spiel geht erst weiter, wenn du mir das Spielzeug zurückbringst!“.

Spielablauf Schritt für Schritt

1 Wir beginnen damit, dass sich der Hund nicht einfach irgendein Spielzeug nehmen darf. Stattdessen bieten wir ihm ein Spielzeug an, das wir für geeignet befunden haben. Nun wedeln wir dies knapp über den Boden drei bis vier Mal hin und her, um die „Beute“ zu beleben. Beim Spielen mit dem Welpen ist es wichtig, den Hund anfangs recht schnell zum Ziel kommen zu lassen, er das Spielzeug also schnell zu packen bekommt. Nach kurzem spürbaren Zerren (glaubwürdig um die Beute streiten!) lässt der Hundebesitzer das Spielzeug los und gibt somit dem Hund das Gefühl, gewonnen zu haben.

2 Nun muss der Hund lernen, dass das Spiel nur dann weiter geht, wenn er mit seinem frisch eroberten Spielzeug zum Menschen zurückkommt. Der Hund wird dafür vom Hundebesitzer mit freundlichen Zurufen aus der Hocke zu sich gelockt. Hat dies nicht die gewünschte Wirkung, wird dem Hund zusätzlich ein Leckerchen als Tauschmittel gezeigt, das er dann erhält, wenn er zu seinem Menschen zurückkommt.

3 Wenn der Hund zum Hundebesitzer zurückgekommen ist, wird der Hund gelobt und gestreichelt. Hektisches Wegnehmen des Spielzeugs sollte unbedingt vermieden werden. Ist Ruhe eingekehrt, wird das Spielzeug mit einem Hörzeichen wie *AUS* abgenommen und das Spiel kann von vorne beginnen. Nach mehrmaligen Wiederholungen sollte das nächste Ziel sein, den Hund ohne Leckerchen heranrufen zu können.

4 Langsam können Sie damit beginnen, sich das Spielzeug vom Hund in die Hand legen zu lassen. Dabei sollte besonders darauf geachtet werden, dass der Hund keine Stresssymptome zeigt.

5 Wenn das Fundament zum gemeinsamen Spielen gelegt ist, sollte man als ambitionierter Hundesportler seine Spieltechnik zum „zielführenden Spiel“ ausbauen.

Zielführendes Spielen

Unter zielführendem Spiel versteht man Bestätigungs- und Motivationsspiele zwischen den Übungen. Zur Bekräftigung einer sehr gut gezeigten Übung am Hundeführer empfiehlt sich ein Spielzeug, das kurz und knapp zum Einsatz kommt und somit auch gleich wieder gut weggesteckt werden kann, wie z. B. ein Spieltau. Diese Art der Bestätigung hilft dem Hund, aus einer eventuellen körperlichen Anspannung herauszukommen.

Der Hundeführer muss darauf achten, dass sich der Hund bei bestimmten Spielzeugen und Spielarten nicht zu sehr aufregt. Denn ein überdrehter Vierbeiner ist nicht in der Lage, konzentriert zu arbeiten. Leider kann man viel zu oft Hunde im Training sehen, die schon beim bloßen Anblick ihres Spielzeuges „einen Schalter im Hirn umlegen“, was ein effizientes Arbeiten unmöglich macht.

Der Zweck des zielführenden Spielens ist es, dass der Hundeführer lange Sequenzen und konzentrierte Einheiten, kombiniert mit vielen Freudesignalen des Hundes, erarbeiten kann.

Motivationsspielzeug

Motivationsspielzeug dient als Versprechen für eine nachfolgende Bestätigung. Die elementarste Form dieser Bestätigung liegt darin, dass der Hundeführer das geliebte Motivationsspielzeug z. B. in der Westentasche trägt. Zuvor wurde das besagte Spielzeug dem Hund gezeigt. Sofort nach einer erfolgreichen Übungseinheit wird das Motivationsspielzeug zum Spiel mit dem Hund eingesetzt.

Eine weitere Einsatzmöglichkeit von Motivationsspielzeug kann bei der sogenannten externen Bestätigung stattfinden. In diesem Fall wird das Spielzeug bewusst nicht am Körper des Hundeführers aufbewahrt, sondern an den Rand des Trainingsplatzes, z. B. auf einen Zaunpfahl, gelegt. Nach jeder perfekt ausgeführten Übung laufen Hundeführer und Hund zum Ort des aufbewahrten Motivationsspielzeugs hin, um dort ausgiebig gemeinsam zu spielen.

Ein Übungsaufbau mit Motivationsspielzeug kann wie folgt aussehen: Der im Platz abgelegte Hund wird von seinem Hundeführer in Sichtrichtung etwa 25 m verlassen, währenddessen legt ein Helfer das Motivationsspielzeug unbemerkt hinter dem Hund aus. Danach ruft der Hundeführer seinen Hund zu sich, um nach etwa zwölf Metern die Position „Steh“ einzufordern. Damit der Drang zum Hundeführer bei gleich bleibend hohem Tempo nicht zu stark ist, wird der Hund nach seiner perfekt eingenommen Position nicht zum Hundeführer weiter gerufen, sondern zum ausgelegten Ball zurückgeschickt. Nun läuft der Hundeführer ebenfalls zum Ball und beide können miteinander spielen. Dieses Beispiel eignet sich für das Training der Übung „Heranrufen mit Steh“ in der Klasse 2.

So sieht Motivation aus! Für seinen Ball tut dieser Golden Retriever bestimmt so einiges.

„Der will nicht spielen!?“

Manche Hunde können Spielzeug nichts oder nur sehr wenig abgewinnen. Die Erfahrung hat gezeigt, dass gerade diese Hunde später sehr zuverlässig arbeiten – vorausgesetzt, man hat ihre Vorlieben herausgefunden und es geschafft, ihren Spielwillen zu wecken. Ein Hundeführer, der diesen steinigen Weg geht, lernt bei der Ausbildung dieses Hundetyps unheimlich viel.

Zuerst sollte man analysieren, warum der Hund nicht gerne spielt: Liegt es daran, dass er nicht gelernt hat mit dem Menschen zu spielen? Oder fühlt er sich unsicher? Ist er eher ein weichmäuliger, verhaltener, triebschwacher Hund? Haben Sie nicht das passende Spielzeug für Ihren Hund gewählt? Ist Ihre Spielart gegenüber Ihrem Hund nicht passend, vielleicht ist sie zu dominant? Wenn Sie das herausgefunden haben, können Sie Ihre Spielstrategie entsprechend anpassen.

Ich gehe davon aus, dass Sie gerne mit Ihrem Hund spielen wollen. Doch vielleicht spüren Sie noch nicht, wann das richtige Maß an Beutebelebung erreicht ist. Vielleicht können Sie auch noch nicht den Moment erkennen, wenn der Hund bereit zum Zupacken ist. Weitere Gründe können die oft unterschiedliche Motorik der Hundeführer und fehlende punktgenaue Umsetzung sein. Das ist sicherlich nicht nur von den körperlichen Voraussetzungen abhängig, sondern auch von der Wahrnehmung dafür, was ein Hund just in dieser Sekunde braucht. Eine unpassende Bewegung oder das verpasste Gewinnenlassen können Anlass für einen verprellten und nicht spielenden Hund sein.

Beim Spielen ist es von Vorteil, flexibel und schnell auf eine veränderte Situation zu reagieren und dementsprechend zu agieren. Jede Phase im Spiel braucht die passende Antwort vom Hundeführer.

Für „spielfaule“ Hundetypen ist die Reizangel besonders gut geeignet. Die Reizangel signalisiert dem Hund einen hohen Beutereiz, da hierbei die Beute nicht direkt aus der Hand des Hundeführers kommt. Ein Spielzeug in der Hand des Menschen könnte einem triebschwachen Hund unter Umständen signalisieren, dass der Mensch das Spielzeug schon zuvor erbeutet hat. Somit ist dem Hund klar, dass er nicht um diese Beute kämpfen muss. Er akzeptiert den (vermeintlichen) Besitzanspruch seines Hundeführers. Sollte der Hund trotz aller Bemühungen immer noch nicht das angebotene Spielzeug an der Reizangel erbeuten wollen, hilft vielleicht ein Verlängern der Reizangelschnur. Oder der Hundeführer entfernt sich im Laufschritt mit der Reizangel, während er dem Hund den Rücken zuwendet. Parallel sollten Sie den Hund immer mit ermunternden Worten auffordern, die Beute zu fangen. Schon das erste zaghafte Greifen sollte zum Erfolg führen. Achten Sie also darauf, dass er sein Spielzeug auch tatsächlich erhält!

Lerntechniken

Hunde sind neugierig und wollen lernen. Damit aus dieser Neugier die Erfahrung erfolgreichen Lernens wird, braucht der Hund eine Lernumgebung, die seine Sinne anregt und Erfahrungen ermöglicht. Das Erleben der Lernsituation entscheidet dann, inwieweit diese Anregungen angenommen werden. Lernprozesse finden in jeder Art von Beziehung statt und die Qualität dieser Beziehung kann über den Lernerfolg entscheiden. Erlebt ein Hund sein Umfeld nicht nur als sicher, sondern auch als positiv und vertrauensvoll, wird er motiviert sein, Neues zu entdecken und sich weiterzuentwickeln. Das Neuerlernte muss im nächsten Schritt generalisiert werden. Der Hund soll lernen, zu jeder Zeit an jedem Ort, egal welchen Reizen er ausgesetzt ist, die Übung auszuführen. Mit Hilfe der Signalkontrolle lässt sich leicht überprüfen, ob der Hund den Inhalt des Kommandos richtig verknüpft hat.

Signalkontrolle

Sie wollen überprüfen, ob Ihr Hund ein Kommando oder Signal wirklich verstanden hat oder ob er nur auf ihre Körperhilfen hin die gewünschte Position einnimmt? Ein Beispiel: Ein Helfer stellt sich seitlich von Ihnen und Ihrem Hund auf. Sie stellen sich mit Ihrem Hund in Grundstellung auf. Sie entfernen sich etwa einen Meter von Ihrem Hund und stellen sich ihm frontal gegenüber. Mit dem Blick nach oben und verschränkten Armen geben Sie Ihrem Hund in gewohntem Ton das Kommando „Platz“ – ohne ihn dabei mit Sicht- oder weiteren Hörzeichen zu ermuntern! Kommt Ihr Hund Ihren Anweisungen ohne zu zögern nach und nimmt die Position ein, hat er das Kommando verstanden. Dann bekommt der Hund seine Belohnung. Eine weitere Steigerung erwirkt man, in dem man sich mit dem Rücken zum Hund aufstellt.

Reagiert der Hund nicht auf Ihre Anweisung, wiederholen Sie das Kommando. Verändern Sie gegebenenfalls die Ansprache, in dem Sie den Namen Ihres Hundes nennen oder Ihre Tonlage verändern.

Wichtig bei dieser Übung ist, dass Sie sich nicht selbst betrügen. Geben Sie Ihrem Hund die Zeit, die er braucht, um das gewünschte Kommando einzunehmen. Wenn er endlich das gewünschte Kommando ausgeführt hat, sollte der Helfer sofort mit dem Clicker bestätigen oder Ihnen sofort ein Signal geben, damit Sie innerhalb von zwei Sekunden Ihren Hund loben können.

Spannungsbogen aufbauen

Für ein abwechslungsreiches Training bedarf es auch einen gewissen Ideenreichtum, um den Spaß beim Obedience dauerhaft zu erhalten. Ein besonderes anschauliches Beispiel ist dafür die Übung „Zurücksenden in ein Viereck“, umgangssprachlich auch die „Box“ genannt. Wenn die Hunde die Aufgabe verstanden und dies schon mehrmals sehr gut

Dieser Border Collie läuft zügig in die „Box“ – so, wie es erwünscht ist.

gezeigt haben, kann man bei manchem Vierbeiner nach einiger Zeit beobachten, dass er in eine Art Trainingsloch fällt. Das zeigt sich meist an der verringerten Geschwindigkeit, mit der der Hund in die Box läuft. Um das Tempo wieder aufzubauen, sollte vom Hundeführer ein Spannungsbogen aufgebaut werden. Dieser soll den Hund ermuntern, zur Box zu laufen.

Eine Übung zum Spannungsbogen kann wie folgt ausschauen: Der Hund wird von einem Helfer am Halsband festgehalten. Jetzt schleicht der Hundeführer geheimnisvoll in die Box. Auf seinem Weg dorthin kommuniziert er voller Spannung mit seinem Hund. In der Box angekommen, tut er so, als läge dort der genialste Schatz, den sich der Vierbeiner nur vorstellen kann. Dann geht er zügig zurück zu seinem Hund, um ihn dann selbst am Halsband zu nehmen und eine Art Wettlauf um den Schatz in der Box zu provozieren. Nun wird der Hund mit Tempo zur Box laufen wollen. Der Hundeführer bleibt kurz vor der Box stehen und lässt den Hund gewinnen. In dieser Phase wird dieser alleine für das flinke Tempo bestätigt. Ein Hörzeichen zum Anhalten oder Ähnliches folgt später nach. Es geht jetzt lediglich um das hohe Tempo, den Spaß für den Hund und natürlich um seine Bestätigung. Diese Übung wird mehrmals wiederholt, um den Willen des Hundes, vor seinem Hundeführer die Box zu erreichen, zu festigen. Nach und nach kann nun die Strecke, die der Hundeführer mitläuft, verkürzt werden. Sollte der Hund sein Tempo wieder verlangsamen, versuchen Sie zwischendurch einmal wirklich, vor ihm in der Box zu sein. So merkt er, dass Sie es ernst meinen.

Merke:
Zu viel Kreativität kann bestimmte Hunde verunsichern. Passen Sie also Ihr Ideenfeuerwerk dem Charakter Ihres Hundes an.

Neun Regeln für ein effektives Training

1. Zeige Deinem Hund, was Du von ihm erwartest und was er tun soll.
2. Sage Deinem Hund, was er tun soll und versuche, Fehler zu vermeiden.
3. Ignoriere falsches Verhalten.
4. Lass Deinen Hund selber denken. Er soll versuchen, das gewünschte Verhalten von sich aus zu zeigen.
5. Bestätige mit Spiel und lobe ehrlich aus tiefstem Herzen.
6. Ist Dein Hund mal übereifrig, dann lasse es zu. Versuche aber zu vermeiden, dass dieses Verhalten zu oft eintritt.
7. Jede neu erlernte Übung muss generalisiert und somit auch unter Ablenkung geübt werden.
8. Das für Deinen Hund passende Motivationsmittel solltest Du immer griffbereit haben.
9. Lerne die Vorlieben Deines Hundes so gut kennen, dass Du mit dem Einsatz der verschiedenen Motivationsmittel sein Tempo bestimmen kannst.

Clicker

Der Clicker ist eine Ausbildungshilfe, die aus der modernen Hundeausbildung nicht mehr wegzudenken ist. Das kleine Gerät ist vergleichbar mit einem Knackfrosch. Man drückt auf ein Metallplättchen oder auf einen Knopf und dann ertönt ein Klick-Klack-Geräusch. Der Clicker ermöglicht dem Hundeführer, mit seinem Hund ohne Worte zu kommunizieren. Er wird eingesetzt, um den Vierbeiner ein neues Verhalten verstehen zu lassen. Der Click signalisiert: „Richtig gemacht, dafür gibt es gleich eine Belohnung!“

Mit dem Click wird eine Übung beendet. Unabhängig davon, was der Hund nach dem Click zeigt, hat er seine Belohnung verdient.

Um die Dauer des gewünschten Verhaltens auszudehnen, wird der Moment des Clickens nach und nach herausgezögert.

Clickern: Vom Welpen bis zum Senior

Schon Welpen können alle erwünschten Verhaltensweisen wie beispielsweise *SITZ* und *PLATZ* per Click plus Bestätigung erlernen. Allgemein wichtig beim Clickern ist, dass der Hundeführer den perfekten Moment der Bestätigung erlernt, damit der Hund eine Verknüpfung bilden kann. Es ist ratsam, dies erst einmal mit einem Menschen zu üben, um ein Gefühl für den perfekten Moment zu bekommen. Dafür stellen Sie sich und Ihr Trainingspartner gegenüber auf. Sie haben den Clicker in der Hand und Ihr Partner zeigt Ihnen eine Faust. Nun zeigt Ihr Trainingspartner aus der Faust heraus mal einen Finger, mal drei Finger usw. Ihre Aufgabe ist es, nur dann zu clickern, wenn Sie alle fünf Finger zeitgleich gezeigt bekommen.

Eine weitere Steigerung ist es, wenn Sie Ihren Hund über das sogenannte Shapen zu einer bestimmten Aktion mittels Clicker hinführen. Hier ist darauf zu achten, dass Sie jeden noch so kleinen Ansatz – und sei es nur ein Blick in die richtige Richtung – mit dem Clicker bestätigen.

Konditionierung auf den Clicker

Zu Beginn muss der Hund auf das Klick-Klack-Geräusch konditioniert werden. Dafür bekommt der Hund nach jedem Click ein Leckerli oder ein gemeinsames Spiel als Belohnung. Der Click ist das Versprechen auf die Belohnung. Es darf niemals einen Click geben, ohne dass danach nicht sofort eine Belohnung folgt! Haben Sie das Gefühl, dass Ihr Hund das verstanden hat, dann können Sie mit dem eigentlichen Clickertraining beginnen.

Am Anfang können Sie beispielsweise mit dem Clicker belohnen, dass Ihr Hund Sie anschaut. Dazu geben Sie weder Hör- noch Sichtzeichen, noch machen Sie in sonstiger Art und Weise auf sich aufmerksam. Warten Sie einfach ab, bis Sie Ihr Hund mehr oder weniger zufällig ansieht. Dann gibt es sofort einen Click und direkt danach ein Leckerli oder ein gemeinsames Spiel. Danach stellen Sie sich wieder ruhig und gerade auf. Warten Sie ab. Schaut Ihr Hund Sie wieder an: Click und Bestätigung! Nach diesem Prinzip können Sie jedes gewünschte Verhalten ganz exakt belohnen.

Der Hund lernt hier über die positive Verstärkung. Das Verhalten, für das Ihr Hund belohnt wird, wird er immer häufiger zeigen. Er wird versuchen, über sein Verhalten einen Click zu bekommen und ist dadurch konzentriert und freudig bei der Sache.

Merke:
Zeigt Ihr Hund nicht sofort das gewünschte Verhalten, überlegen Sie, welche leichtere Aufgabe Sie Ihrem Hund stellen können.

Prinzipiell gilt: beim Clickern wird nicht geschimpft. Wenn Ihr Hund nicht das gewünschte Verhalten zeigt, bleiben Ihnen mehrere Möglichkeiten, dies zum Ausdruck zu bringen. Sie können das unerwünschte Verhalten ignorieren, indem Sie ein „Pokerface“ aufsetzen und warten. Das bietet sich besonders bei übereifrigen Hunden an. Sie haben eine besonders hohe Frustrationstoleranz und probieren einfach immer weiter aus, bis sie am Ziel sind. Eine weitere Variante ist, Sie geben Ihrem Hund ein Signalwort wie „leider falsch“ oder „schade“. Dies sollte immer freundlich im Ton gesprochen werden, damit der Hund weitere Sachen anbietet und nicht vor lauter Frust aufhört, nach anderen Lösungswegen zu suchen.

Target

Ein Target ist ein Hilfsmittel, ein Marker, ein Ziel, in unserem Fall ein Acrylplättchen. Die Arbeit mit dem Target ist im Obedience-Training ein unerlässlicher Helfer für Übungen, die der Hund auf Distanz arbeiten soll. Aber auch, um dem Hund den genauen Standort bei einer Übung zu vermitteln, ist das Target hilfreich. Als Target bevorzuge ich ein klares Acrylplättchen mit einer Größe von 5 × 5 cm und einer Dicke von 3 mm. Die Ecken sollten abgerundet sein, damit sich der Hund bei seiner aktiven und vielleicht stürmischen Arbeit nicht verletzten kann. Der Vorteil dieser Art von Target liegt darin, dass es durchsichtig ist und der Hund es im Gras nicht gleich sieht und somit nicht auf Sicht arbeiten kann.

Konditionierung auf das Target

Das Ziel des Target-Trainings soll sein, dass der Hund zum Target hinläuft, es berührt, an Ort und Stelle stehen bleibt oder je nach Aufgabenstellung gleich weiter zur nächsten Aktion geht. Der Hund wird dabei positiv bestätigt. Es soll dem Hund als ein Spiel vermittelt werden.

Halten Sie das Target zuerst sehr gut sichtbar in Richtung der Hundenase. Sobald der Hund neugierig daran schnuppern möchte und dabei das Target berührt, geben Sie ein positiv klingendes Hörzeichen oder clickern dieses Verhalten des Hundes mit direkter Leckerligabe. Für die Leckerligabe haben Sie maximal zwei bis drei Sekunden Zeit, damit der Hund eine Verknüpfung herstellen kann.

Hat der Hund verstanden, dass das Berühren des Targets ein Leckerchen für ihn bedeutet, stellen wir uns gegenüber unseren Hunden auf, halten das Target seitlich von unserem Körper weg, richten unseren Blick in Richtung Target und lassen den Hund ohne ein Kommando unsererseits das gewünschte Verhalten (Berühren des Targets mit der Nase) erarbeiten. Zeigt der Hund das gewünschte Verhalten, bestätigen wir dies. Während wir das Leckerchen dem Hund reichen, positionieren wir das Target mit der Hand an eine andere Stelle. Wichtig dabei ist, dass der Hund die Einnahme der neuen Position nicht mitbekommt, denn es soll kein Prä-

Mit der Nase stupst dieser Labrador das Target an, in diesem Fall ein kleines Plättchen aus Plexiglas.

sentieren sein. Dann beginnt das Spiel wieder von Neuem.

Am Anfang mag es insbesondere bei der Anwendung mit Clicker noch ein kleines Handling-Problem geben. Dann macht es Sinn, sich diese Übung mit einem Helfer zusammen zu erarbeiten.

Klappt das Berühren des Targets mit der Nase zügig auf beiden Körperseiten auch im Wechsel gut, dann ist es an der Zeit, mit dem Target in Richtung Boden zu gehen. Aber Achtung, hier kommt noch mal ein Schwierigkeitsgrad dazu, den man auf Anhieb gar nicht vermuten möchte. Es handelt sich dabei um den minimalen Schritt, das Target von der Hand auf den Boden zu legen. Je nach Hundetyp kann es hier zu einer kleinen Irritation führen. Deshalb macht es Sinn, das Target einige Male auf der flachen Hand zu legen und dabei den Handrücken ins Gras zu legen. Schritt für Schritt wandert das Acrylplättchen von der Hand auf den Boden. Bei diesem sensiblen Vorgang sollten Sie weiterhin darauf achten, dass Sie kein Kommando für die Ausführung geben, damit der Hund gefordert bleibt, eigenständig zu arbeiten.

Probleme beim Target-Training

Es kommt vor, dass ein Hund das Target aufhebt oder apportiert. Die Fehlerquelle liegt meistens darin, dass der Hundeführer nicht das richtige Timing hat und zu langsam mit dem Clicker ist. Falls Sie beim Target-Training gar keinen Clicker verwenden, sondern nur ein positives Hörzeichen, dann versuchen Sie es mal damit, dass Sie direkt nach dem Hörzeichen zu Ihrem Hund hingehen und ihn mit lobenden, aber nicht zur Bewegung animierenden Sätzen bestätigen. Achten Sie darauf, dass Ihr Hund den Blickkontakt zu Ihnen hält. Sollte dies nicht wirken, vermitteln Sie Ihrem Hund mit einem klaren Hörzeichen z. B. *NEIN*, dass sein gezeigtes Verhalten unerwünscht ist.

Belohnungssystem

Ein durchdachtes Belohnungssystem ist ein wichtiger Faktor für ein effektives Training. Beginnen wir mit der Auswahl vom wirksamen Leckerchen. Es gibt Hunde, die zwar gerne die Bestätigung von Spielzeug annehmen, aber viel lieber fressen. Um auch diese Hunde nicht nur mit einem x-beliebigen Futter zu bestätigen, macht es Sinn, diesen Typ Hund nach dem Leistungsprinzip zu belohnen. Angenommen, der Hund bringt bei der gewünschten Übung eine gute Leistung, dann wird dies natürlich bestätigt, aber vielleicht nur mit einem Stückchen Käse. Bringt der Hund aber eine besonders gute Leistung, dann bekommt er auch ein besonders gutes Leckerchen, z. B. Leberkäse oder ein Stück Würstchen.

Ein mögliches System für die Auswahl des richtigen Spielzeugs finden Sie im Kapitel „Welches Spielzeug für welchen Hund?“.

Trotz dieser hervorragenden Möglichkeiten, seinen Hund zu bestätigen, dürfen wir im Hinblick auf die Prüfungssituation unsere wichtigste Bestätigungsmöglichkeit – nämlich unsere Stimme – nicht außer Acht lassen. Denn auf Prüfungen ist es nicht erlaubt, mit Leckerchen oder Spielzeug seinen Hund direkt zu bestätigen. Daher sollen diese Bestätigungsmöglichkeiten bereits beim Training lediglich als Verstärkung des Lobes vom Hundeführer dienen.

Um zu erreichen, dass der Hund ein arbeitsfreudiger Partner wird, ist das richtige Begeistern und ehrliches Lob ganz wichtig. Beim Obedience-Training sollte für den Hund jede Übung supertoll sein. Der Hund lernt eine Variationsbreite in der Motivation, er kennt die Abstufungen zwischen einer starken Belohnung und einer halbherzigen. Unser Ziel sollte sein, dass der Hund versucht, immer die ganz große Begeisterung zu erarbeiten. Das schaffen Sie, indem Sie den Hund von Anfang an immer mit viel Stimme bestätigen und begeistert loben. Hier liegt der Fokus zu

Beginn auf der Freude, mit Ihnen arbeiten zu wollen, weniger auf der Perfektion. Je höher Sie mit Ihrem Hund in der Klasse aufsteigen, desto mehr ist die Art der Arbeit und die Perfektion das Ziel Ihrer Begeisterungsstürme.

Meideverhalten des Hundes

Hunde sind Rudeltiere, deren Sozialverhalten zu einem wesentlichen Teil durch Konfliktvermeidung bestimmt ist. Das Meideverhalten wird von unseren Hunden mit Hilfe von Beschwichtigungssignalen oder Übersprungshandlungen ausgedrückt, z. B. über die Nase lecken, Kopf wegdrehen, wiederholtes Hinsetzen und -legen, Gähnen oder Hochspringen am Hundeführer.

Für einen unsicheren Hund könnte dieser Blickkontakt schon zu viel sein.

Übersprungshandlungen kann man daran erkennen, dass der Hund etwas völlig anderes tut, als eigentlich gerade von ihm verlangt wird. Übersprungshandlungen des Hundes können sein:

- Gähnen.
- Hochspringen an Hundeführer.
- Am Boden schnüffeln.
- Der Hund benimmt sich wie ein Welpe, obwohl er schon erwachsen ist.
- Sich lösen.
- Sich kratzen.

Anforderungen herabsetzen

Die Auslöser für Beschwichtigungssignale können verschiedenster Art sein. Häufig löst der Hundeführer durch seine Körpersprache ein Meideverhalten aus, doch auch eine ungünstige Umgebung oder andere Hunde können dieses Verhalten verursachen.

Um diese Hinweise des Hundes nicht zu verstärken, ist es wichtig, dass Sie als Hundeführer keine Reaktion darauf zeigen, auch wenn Ihnen der Hund noch so leid tut. Ignorieren Sie die Beschwichtigungssignale und lösen die Übung auf.

Mit dem angezeigten Meideverhalten signalisiert der Hund eindeutig, dass er mit der Situation überfordert ist. In der nächsten Trainingseinheit zerlegen Sie diese Übungen in kleinere Sequenzen, um zu vermeiden, dass der Hund noch mal in so eine unangenehme Situation kommt. Durch das Zerlegen der Übung in kleinere Schritte haben Sie die Möglichkeit, auch schon kleinste Teilerfolge zu belohnen. Mit Geduld und Belohnung kommen Sie sicherlich zum Ziel. Bevor Sie Ihre Nerven verlieren, was zwar menschlich, aber völlig fehl am Platz ist, beenden Sie das Training mit einer Übung, die Ihr Hund gut kann. Dann gehen Sie mit ihm Gassi. Falls Ihre Verzweiflung zu groß ist, bringen Sie Ihren Vierbeiner einfach an sein geliebtes Plätzchen und lenken Sie sich mit anderen Sachen ab.

Die verschiedenen Hundetypen

Für die richtige Wahl der Ausbildungsmethode ist es wichtig zu wissen, welchen Hundetyp man vor sich hat. Davon ist unter anderem abhängig, wie man seinen Hund effektiv bestätigt und so die langfristige Freude des Vierbeiners an der Arbeit erhalten kann.

Zwischen den einzelnen Hundetypen gibt es viele Mischformen. Dennoch ist es möglich, eine gewisse Anlage zu erkennen. Hier werde ich drei Hundetypen beschreiben, die besonders anspruchsvoll in der Ausbildung sind.

Spritziger Hund

Er ist sehr reaktionsschnell, stellt schnell eine Verknüpfung zum Übungsablauf her, ist in seinen Bewegungen leichtfüßig, teilweise sogar ungestüm.
Nachteil: Oft neigen diese Hunde zum Kläffen oder Fiepen, da sie eine niedrige Frustrationstoleranz haben. Der spritzige Hund lernt schnell – auch unerwünschtes Verhalten.
Vorteil: Er ist leichtführig und hat einen großen Willen, seinem Hundeführer zu gefallen. Durch seine Schnelligkeit erzeugt er beim Zuschauer einen „Wow-Effekt".

Ängstlicher Hund

Der ängstliche Typ reagiert sehr stark auf Umweltreize. Er zieht sich zurück, flüchtet aus Selbsterhaltungstrieb. Dies blockiert seine Aufnahmefähigkeit, er ist nicht fähig, Kommandos anzunehmen, da er völlig mit sich und der Umwelt beschäftigt ist. Diese Hunde zweifeln erst einmal alles an.
Nachteil: Der ängstliche Hund ist oftmals nicht fähig, sein tatsächliches Leistungspotenzial zu zeigen. Er ist schwer zu motivieren, da er am Hundeplatz nichts fressen mag oder spielen will.
Vorteil: Dieser Typ wächst mit seinen Aufgaben und bekommt dadurch Selbstbewusstsein und mehr Lebensfreude. Für den Ausbilder und Trainer ist ein ängstlicher Hund eine große Herausforderung, denn er offenbart die Qualität und das Durchhaltevermögen von Ausbilder und Trainer. Dieser Vierbeiner gibt schneller als jeder andere Hundetyp Denkanstöße für alternative Ausbildungswege. Jeder Besitzer und Trainer darf stolz sein, wenn er einen guten Weg gefunden hat, um so einen Hund zu motivieren.

Bequemer Hund (phlegmatischer Hund)

Dieser gemütliche Typ bietet kaum verschiedene Aktionen von sich aus an, er ist somit schwer zu clickern. Er neigt zum Verallgemeinern: Handelt es sich z. B. im Wettkampf wie im Training um eine gelbe Hürde, ist die Übung auch im Wettkampf oft kein Problem. Eine andersfarbige Hürde kann jedoch diesem Typ zum Verhängnis werden.
Nachteil: Der Hundeführer muss beim Training jeder Übung wohlüberlegt vorgehen, damit der Hund das oben genannte Problem nicht zeigt. Der Ausbilder muss darauf achten, dass er nicht zum Animationsclown wird – und der Hund zum bequemen Zuschauer.
Vorteil: Die Reizschwelle dieser Hunde liegt sehr hoch. Wenn der Übungsablauf verstanden und die Motivation angenommen wurde, ist er auch unter starker Ablenkung ein zuverlässiger Arbeiter.

Blickkontakt und Stimme

In der Hundeausbildung haben wir die Möglichkeit, unsere Hunde mit den verschiedensten Hilfsmitteln zu leiten und zu bestätigen. Im folgenden Beispiel möchte ich aufzeigen, wie wichtig der Blickkontakt und die Stimm-Modulation in der Ausbildung eines Hundes sein können.

Blickkontakt

Der Einsatz des Blickkontaktes kann den Hund bestärken, aber ebenso verunsichern. Anhand der Übung „Heranrufen mit Steh“ aus der Klasse 2 will ich dies veranschaulichen und hier besonders auf den Teil des Heranrufens eingehen, da hier der Blickkontakt von enormer Wichtigkeit ist.

Zuerst signalisiert der Hundeführer dem Hund mit Blicken den aktiven Kontakt. Der Hund ist daraufhin besonders aufmerksam und weiß, dass es gleich losgehen wird. Dann verbindet der Hundeführer seinen aufmunternden Blickkontakt mit dem Hörzeichen zum Herankommen. Ab dem Zeitpunkt, an dem sich der Hund in Bewegung setzt, wandert der Blick des Hundeführers langsam in Richtung Himmel, um den Hund alleine weiter arbeiten zu lassen. Erst kurz vor der dem Punkt, an dem der Hund seine Stehposition einnehmen soll, liegt der Blick wieder beim Hund. In Verbindung mit einem intensiven Blick des Senders (Hundeführer) und einem Hör- oder Sichtzeichen bringt er den Hund zum Stehen. Beim nächsten Heranrufen wird der erste Teil wiederholt, nun bleibt der Blick jedoch so lange in Richtung Himmel, bis der Hund in seiner Endgrundstellung angekommen ist.

Je mehr Blickkontakt stattfindet, ob bewusst oder unbewusst, desto stärker verringert der Hund sein Tempo. Ein Hund, der gelernt hat, aufmerksam zuzuhören und seinen Hundeführer zu „lesen“ wird mit Hilfe einer Blickkontaktaufnahme nachfragen, ob seine Ausführung der Übung so stimmt. Die entstandene Unsicherheit des Hundes veranlasst diesen zum nachdenken. Wenn ein Hund jedoch Zeit ins Nachdenken investieren muss, verliert er automatisch an Geschwindigkeit.

Jeder Hundebesitzer meint zwar, seinem Hund etwas Gutes tun zu müssen, indem er ihn mit seinen Blicken leitet. Das ist prinzipiell am Anfang der Ausbildung richtig. Doch sobald der Hund die Übung kennt und verstanden hat, sollte man als Hundeführer die Aufgabe des Hundes auf ihn übertragen. Das gibt ihm nämlich die Sicherheit, die er braucht, um leichtfüßig und selbstbewusst durch den Obedience-Sport zu gehen.

Bereits in der Beginner-Klasse gibt es Übungen (z. B. die Grundstellung), die das gleiche Phänomen aufzeigen können. Oft wird der Übergang von „mit Futter locken“ zu eigenständigem Arbeiten ohne Hilfe des Blickkontaktes versäumt. Was natürlich nicht heißen soll, das man am Anfang seiner Ausbildung nicht mit allen Hilfen arbeiten sollte.

Blickkontakt aufbauen

Schaffen Sie eine ruhige Umgebung, halten Sie Clicker und Futter bereit.

Stellen Sie sich mit einem Leckerli in der linken Hand Ihrem Hund frontal gegenüber auf. Wenn Sie mit Leine arbeiten, dann nehmen Sie diese in die rechte Hand. Der Hund soll das Futter zuerst nur sehen, damit Sie das Interesse Ihres Hundes gewinnen. Dann bekommt er gleich mehrmals hintereinander einzelne kleine Stückchen zur Motivierung und zwar bevorzugt dann, wenn er Sie (wenn auch nur kurz) anschaut. Click und Leckerli für den Blickkontakt!

Erhalten Sie nicht die gewünschte Aufmerksamkeit, dann rufen Sie kurz den Namen Ihres Hundes. Schaut er Sie an, bekommt er einen Click und sein Leckerchen.

Wenige Zeit später wird das Intervall der Bestätigung etwas hinausgezögert, sodass der Hund den Blickkontakt zum Hundeführer halten muss. Zuerst bekommt der Hund seine Bestätigung nach zwei bis drei Sekunden, dann nach fünf Sekunden, dann nach zehn Sekunden usw. Zeigen Sie dabei eine gerade Körperstellung mit freundlicher Mimik.

Stimm-Modulation

Eine weitere Ausbildungshilfe, die Sie immer dabei haben und nichts kostet, ist Ihre Stimme. Die Stimme spielt in der Obedience-Ausbildung eine sehr wichtige Rolle. Es gibt einladende Kommandos z. B. *MARKE* für die Box, genauso gibt es aber auch auftragsorientierte Kommandos wie z. B. *SUCH* für die Geruchsunterscheidung. Bei einladenden Kommandos geht die Stimme hoch, um den Hund in eine höhere Geschwindigkeit zu bringen. Die Stimme soll dem Hund Flügel verleihen.

Wir nehmen uns also die Höhe der Stimme zur Hilfe, um den Auftrag an unseren Hund zu beeinflussen. Eine hohe Stimme ist einladend und lobend – eine tiefe Stimme ist auftragsorientiert und bestimmend.

Nicht jeder Hundetyp kann gleichermaßen mit der Stimme ausgebildet werden. Ein eher phlegmatischer Hund wird mit der Stimme anders unterstützt als ein spritziger Wirbelwind, den man ständig mit der Stimme beeinflussen muss, da er sonst die Konzentration verliert.

Wer intensiv mit Blickkontakt und Stimm-Modulation arbeitet, wird mit einem aufmerksamen Hund belohnt. Dieser Pudel ist ganz Ohr.

Konzentration, bitte!

Hunde, die nicht aufmerksam sind, können mit Spaß am gemeinsamen Arbeiten und Abwechslung dazu gebracht werden. Es macht keinen Sinn, seinen Hund mit Gewalt zum Zuhören bringen zu wollen. Auch eine ständige Kontaktaufnahme des Hundeführers in Form von Ansprache oder Leckerli sollte nicht unser Ziel sein. Überraschen Sie lieber Ihren Hund! Geben Sie Ihrem knautschend heranlaufenden Vierbeiner z. B. ein Kommando, das Ihn in die Box schickt. Steht Ihr Hund in der Box, darf er das Apportel fallen lassen und bekommt als nächstes das Kommando zum Herankommen – er hatte bestimmt ein Stehkommando erwartet. Auch hier können Sie sich von Ihrem Hund verschiedene Ausführungen in den verschiedensten Übungen zeigen lassen. Eines ist sicher: Wenn Sie Ihren Hund mit diesen Spielen im Training überraschen, wird er zunächst erstaunt sein. Sicherlich werden Sie auch erfahren, dass Ihr Hund nicht jede Anweisung perfekt ausführt. Dies ist aber überhaupt kein Problem, sondern lediglich ein Hinweis dafür, dass der Hund noch nicht genau zuhören bzw. es umsetzen kann.

Trainingsvorbereitung

Es gibt viele Dinge, die einem das Obedience-Training erleichtern können. Aber auch den Übungsplatz und nicht zuletzt den Hund sollte man auf ein Training vorbereiten.

Erforderliche Gegenstände:

- Eine etwa 1 m lange Leine mit Ring in der Handschlaufe, um sie besser beim Umhängen schließen zu können.
- Fünf Pylonen/Kegel mit einer Höhe von etwa 15 cm.
- Ein Gurtband für die Markierung der Box/Quadrat; Maße: Länge je Seite 3,16 m, Breite des Bandes maximal 3 cm, Farbe des Bandes ist beliebig wählbar.
- Vier Erdhaken zum Befestigen des Boxbandes unter den Pylonen/Kegeln.
- Sechs Halbkugeln/Markierungsteller.
- Drei Apportierhölzer, Gewicht je nach Größe des Hundes, jedoch maximal etwa 450 g.
- Ein Metallapportel mit einem Gewicht von 100–200 g (für Zwergrassen gegebenenfalls leichter).
- Mindestens sechs Identifikationshölzer, bevorzugt aus Buchenholz, ohne scharfe Kanten, Größe je Hölzchen: 2 × 2 × 10 cm.
- Eine geschlossene Sprunghürde, 100 cm breit, die Einlegebretter müssen in 10-cm-Intervallen bis auf eine maximale Höhe von 70 cm einstellbar sein. Im Gegensatz zu einer Hürde, wie sie im Agility-Sport verwendet wird, sollte eine Hürde für den Obedience-Sport keine seitlichen Ausleger haben.

Motivationsunterstützende Utensilien:

- Zwei bis drei gleich aussehende, besondere Lieblingsspielzeuge des Hundes, z. B. ein Moosgummiball an einer Schnur für die Fernbestätigung und ein Fleece-Spieltau als Zerrspielzeug zur Bestätigung nah am Hundeführer.
- Besonders wohlschmeckende Belohnungshappen. Sie sollten weich sein, damit der Hund sie schnell runterschlucken kann.
- Futterbeutel, Futterdose oder Futtertube.

Ausbildungshilfen:

- Clicker mit Band für das Handgelenk.
- Target.

Aufbau einer Trainingsstunde

Die Voraussetzung für eine gelungene Trainingsstunde ist eine homogene Gruppe von nicht mehr als vier Teilnehmern mit einem klaren Wettkampfziel. Eine Obedience-Stunde wird in vier 15-Minuten-Sequenzen eingeteilt. Die Hunde sollten für ein effektives Obedience-Training auf den Clicker konditioniert sein.

Von einem ambitionierten Obedience-Sportler erwarte ich volle Motivation und Konzentration beim Arbeiten mit dem Hund. Missgeschicke, wie zu wenig Leckerchen oder nicht das richtige Spielzeug für den Hund dabei zu haben, sollten in dieser fortgeschrittenen Phase der Ausbildung nicht mehr vorkommen.

Es ist wichtig, dass die Teilnehmer nicht erst zu Beginn der Stunde eine Arbeitshaltung aufbauen. Der Aufbau beginnt bereits zu Hause, wenn sich der Hundesportler mental auf die Stunde vorbereitet. Am Anfang der Stunde geht es dann weiter mit einer klaren Körpersprache: Rücken und Schultern gerade, Brust raus, Po angespannt. Auch im Kopf muss jeder Hundeführer klar bei der Sache sein. Wenn es Hausaufgaben vom Trainer gegeben hat, erwarte ich von meinen Teammitgliedern auch, dass sie diese erarbeitet haben.

Bereits im Vorfeld hat sich der Hundesportler Gedanken darüber gemacht, welche Übung er erarbeiten möchte und insbesondere welches Detail. Dies hat er mit dem Trainer abgesprochen. Nachdem die Hunde in einem Aufwärmtraining warm gemacht werden, steigen wir mit dem Fokus auf eine oder mehrere Übungen in die Stunde ein. Bei der Auswahl der Übungen sollte darauf geachtet werden, dass die verschiedenen Aufgaben nicht in gegenseitigen Konflikt geraten.

Je nach Hundetyp sollten die zu erarbeitenden Details der Übungen so ausgewählt werden, dass der Hund nicht überfordert wird. Damit ist nicht nur die körperliche Überforderung gemeint, sondern eher die geistige. Ein Hund, der anfangs noch ungestüm ist, kann sicherlich noch keine ruhige und saubere Geruchsunterscheidung erarbeiten. Genauso wird ein anfangs eher gemächlicher Hund noch keinen temporeichen Richtungsapport zeigen.

Jede Übung wird gesplittet, jeder Hundeführer arbeitet nur an den Details der Übung. Erst wenn alle Einzelheiten gut funktionieren, werden die Übungen in einer Einheit zusammengefasst. Erst jetzt bekommt der Hund ein Gesamtbild der Übung.

Eine Trainingsstunde soll mit Übungen beendet werden, die

- der Hund sehr gerne macht,
- ihm leicht fallen, damit er schnell positiv bestätigt werden kann und
- dem Hund keine zu große Konzentration abverlangen.

In der Übungsstunde sollte der Hund die gestellten Aufgaben positiv verknüpfen, damit er in der nächsten Trainingsstunde wieder erwartungsvoll auf dem Platz steht.

Sicherlich hat jeder Trainer seine eigene Vorgehensweise. Doch vielleicht gibt es unter den Lesern dieses Buches Trainer, die gerne einen Impuls für ein besonders effektives Training haben möchten.

Eine mögliche Reihenfolge, in der ein Trainer vorgehen könnte, ist:

1. Die Aufmerksamkeit der Teams gewinnen.
2. Klar über die Zielsetzung informieren.
3. Voraussetzungen aktivieren.
4. Inhalte präsentieren und bei Bedarf vorzeigen.
5. Lösungswege und Hilfen erklären.
6. Praktische Übungen durchführen lassen.
7. Feedback geben.
8. Einen Test der formalen Übung durchführen und gegebenenfalls erneut Hilfestellung geben.

Aufwärmen und Abkühlen

Jeder Leistungssportler wärmt sich vor dem Training auf und danach mittels dem sogenannten Cool Down wieder ab. Aus Untersuchungen weiß man, dass ein nicht aufgewärmter Sprinter etwa sieben Prozent langsamer ist als ein Sportler mit einem Aufwärmtraining. Ich erlaube mir, dieses Ergebnis auch auf den Hundesport zu übertragen. Mir erscheint es sinnvoll, einen Hund zunächst mit leichten Bewegungen, anschließend mit einer anregenden Massage und dann mit einem weiteren leichten Bewegungstraining auf eine bevorstehende Anstrengung vorzubereiten. Ebenso ist es von großer Bedeutung, den Hund mit einem gut durchdachten Cool Down in die Ruhephase zu begleiten.

Zunächst jedoch lassen Sie Ihren Hund von Ihrem Tierarzt auf seine Leistungsfähigkeit hin untersuchen, um etwaige unentdeckte Erkrankungen ausschließen zu können. Haben Sie das Okay vom Tierarzt, sollten Sie einen Physiotherapeuten aufsuchen. Nach einer eingehenden Untersuchung und einem ausführlichen Gespräch wird der Physiotherapeut in der Lage sein, Ihnen einen Therapieplan zu erstellen. Hierhin ist festgelegt, wie Sie Ihrem Hund mit einfachen Übungen z. B. seine Vorzugshaltung wegtrainieren und von steifen Gliedern befreien können.

Hunde benötigen insgesamt weniger Zeit als wir Menschen, um ihre Muskulatur aufzuwärmen. Umgekehrt hält der Aufwärmeffekt aber auch nur kürzer an. Ein wichtiger Faktor spielt dabei die Witterung. So kann es passieren, dass ein Hund bei kühlen Temperaturen

Nicht nur menschliche, auch tierische Sportler sollten sich vor einer Belastung vorbereiten, z. B. wie hier mit Gymnastik.

Ein gutes Aufwärmtraining ...

- aktiviert das Herz-Kreislaufsystem: Reduzierung des Risikos einer Überbelastung.
- steigert die Durchblutung der Muskulatur: bessere Versorgung mit Sauerstoff und Nährstoffen sowie ein schnellerer Abtransport von Stoffwechselprodukten.
- erhöht die Elastizität der Muskulatur: beugt Muskelfaserrissen vor.
- beschleunigt die Kontraktion und Entspannung der Muskulatur: schnellere Bewegungsabläufe möglich.
- erhöht die Dehnungseigenschaften von Sehnen und Bändern: verringerte Gefahr von Sehnen- und Bänderrissen.

bereits nach drei bis fünf Minuten seine optimale Arbeitstemperatur verloren hat. Das bedeutet, dass wir ihn entweder aktiv durch Bewegung oder passiv mit Hilfe eines Mantels warm halten müssen. Auch die Aufwärmdauer verlängert sich bei niedrigen Temperaturen. Ebenso wie niedrige Temperaturen fordert auch Hitze eine spezielle Berücksichtigung bei der Aufwärmphase.

Überanstrengungen in der Aufwärmphase sind absolut tabu! Unüberlegte Aktionen können nämlich genau das Gegenteil vom eigentlichen Zweck bewirken. Die Folge daraus ist, dass das Verletzungsrisiko steigt.

Eine Möglichkeit für ein leichtes Gymnastizieren des Hundes besteht darin, ihn auf einer imaginär auf den Boden gelegten Acht zu führen. Das gelingt mit Hilfe eines Leckerlis oder Balls in der Hand. Nach einigen Wiederholungen wechseln Sie die Richtung.

Nach einem Training trägt das Cool Down maßgeblich zu einer schnellen Erholungsbereitschaft des Körpers bei, indem es die Belastungsphase aktiv bei geringen Intensitäten ausklingen lässt und so den Körper schonend auf den Ruhezustand vorbereitet. Das Abkühlen stellt den ersten Schritt in der Regenerationsphase dar. Außerdem wird dadurch die Superkompensation eingeleitet, welche wiederum langfristig zu einer gesteigerten Leistungsfähigkeit führt. „Geringere Intensität" bedeutet hier, dass die Herz-Kreislauf-Aktivität zwar erneut gesteigert wird, dem Körper jedoch keine Höchstleistungen mehr abverlangt werden.

Auch Dehnungsübungen können die Regenerationsbereitschaft des Körpers positiv beeinflussen. Durch den trainingsbedingt angestiegenen Muskeltonus und die geringere Dehnfähigkeit nach körperlichen Höchstleistungen ist die Muskulatur verletzungsanfälliger. Das Dehnen senkt die Spannung und sorgt dafür, dass sich die Muskeln schneller erholen. Darüber hinaus kann ein bewusst gewähltes Dehnprogramm auch zur psychischen Entspannung beitragen, indem es den Körper nach der Anstrengung des Trainings auf die Erholung einstellt.

Die Cool-Down-Phase lässt sich in unterschiedlicher Form gestalten. Sie muss jedoch auf die vorangegangene Belastung abgestimmt werden und hängt auch vom Trainingszustand, Alter und der Tages- und Jahreszeit ab.

Ziele des Abkühlens:

- Förderung der Regeneration und damit verbunden eine schnelle Wiederherstellung der physischen und psychischen Leistungsbereitschaft.
- Abnahme der Erregung und Anspannung.
- Lockerung der ermüdeten und verspannten Muskulatur, Beschleunigung des Abbaus von Stoffwechselprodukten.
- Langfristige Gesundheitsstabilisation.
- Verbesserung des allgemeinen individuellen Wohlbefindens.

Das Cool Down orientiert sich in erster Linie an der Belastungsintensität und weniger an der Belastungsdauer. In jedem Fall sollte der Hund so lange abgekühlt werden, bis sich wieder ein allgemeines psychisches Wohlbefinden einstellt.

Solange der Hund noch sehr schnell atmet, empfiehlt sich ein leichtes Lauftraining (Trab oder Schritt). Wenn der Hund ruhiger geworden ist, können leichte Dehnübungen durchgeführt werden.

Je nach Jahreszeit sollte der Hund nach dem Training oder dem Wettkampf warm gehalten werden: Nicht auf kalten, nassen Böden liegen, bei niedrigen Temperaturen kann zudem ein Hundemantel helfen. Zu Hause angekommen, ist eine Cool-Down-Massage möglich. Diese sorgt für eine Entspannung der Muskulatur und somit auch der Vorbeugung von Muskelkater.

Elemente

Der Hund hat im Obedience-Sport die verschiedensten Aufgaben zu erfüllen. Diese wollen wir in diesem Kapitel vorstellen. Allen Übungen ist gemein, dass sie in kleinste Bestandteile zerlegt und trainiert werden und der Vierbeiner punktgenau und mit ehrlicher Begeisterung belohnt wird. Nur so erreicht man, dass der Obedience-Schüler langfristig exakt und freudig arbeitet.

Grundstellung

Die Grundstellung bildet die Grundlage für alle Ausgangs- und Endstellungen für jede Obedience-Übung in allen Klassen. Der Hund signalisiert mit einer perfekten Grundstellung die absolute Aufmerksamkeit für seinen Hundeführer und sollte somit im „Arbeitsmodus“ sein. Einem Fehler in der Grundstellung wie beispielsweise schief sitzen folgt meist ein Fehler in der nächsten Übung nach.

Mancher Hundeführer macht es seinem Hund nicht immer leicht, eine perfekte Grundstellung zu zeigen. Sie wenden zu wenig ihre Körperspannung an und schlurfen beim Fußgehen mit ihrem Hund über den Platz. Der Hundeführer sollte mit geraden Schultern, herausgedrückter Brust und angespanntem Po seine Position zur Grundstellung einnehmen. Wir sind Sportler und präsentieren uns!

Die Schulter des Hundes sollte dabei immer auf Höhe des Knies des Hundeführers sein. Ist der Hund größer oder kleiner, dann darf die Schulter des Hundes auf Höhe des Oberschenkels bzw. der Wade positioniert werden. Das Ziel sollte sein, dass der Hund konstant im gleichen Abstand etwa 3 bis 5 cm neben seinem Hundeführer in Grundstellung sitzt, ohne diesen zu berühren oder gar zu bedrängen.

Training der Grundstellung

Eine sehr einfache Art und Weise, den Hund in die Grundstellung zu bringen, ist das Locken mit Futter. Dazu hält man dem Hund ein besonders gutes Leckerchen vor die Nase und dirigiert ihn damit in die gewünschte Richtung. Es gibt verschiede Ausgangspositionen, die man bei dieser Übung anwenden kann: Der Hund steht auf der linken Seite des Hundeführers oder der Hund steht frontal zum Hundeführer.

Hund und Hundeführer sollten bei jeder Übung von Beginn an Blickkontakt halten (siehe Kapitel „Blickkontakt und Stimme“).

In der ersten Übungseinheit liegt der Fokus nur darauf, dem Hund zu vermitteln, dass die Fußposition eine ganz tolle Sache ist. Wenn der Hund das verstanden hat, wird er automatisch sein Tempo steigern, weil er ja sein Leckerli haben will. Wiederholen Sie mehrere Tage diese Übung. Dann gehen Sie zu Teil 2 über, hier wird nun an der exakten Ausarbeitung der Position gearbeitet. Hierfür wird der Click einfach etwas hinausgezögert.

Grundstellung Step-by-Step, Teil 1

Ausgangsposition: Der Hundeführer steht frontal vor seinem Hund.

- Der Hundeführer hält dem Hund ein Leckerli zwischen Daumen, Zeigefinger und Mittelfinger mit der linken Hand ganz nah vor die Schnauze, ohne dass der Hund es fassen kann.
- Der Hundeführer bewegt sich nun langsam rückwärts weg, der Hund folgt dem Leckerchen und wird bestätigt.
- Bewegen Sie nun Ihre linke, mit Leckerli gefüllte Hand in einer großen kreisenden Bewegung langsam nach links außen,

gegen den Uhrzeigersinn. Der Hund soll diesen Kreis mitlaufen und dabei mit seiner Schnauze während der kompletten Bewegung eng der Hand folgen.
- Um besonders großen Hunden das Einnehmen der Position zu erleichtern, machen Sie parallel zur Kreisbewegung des Arms mit Ihrem linken Bein einen geraden Ausfallschritt nach hinten.
- Nun führen Sie langsam Ihre Hand nah an Ihre linke Hüfte.
- Für den Abschluss der Übung ziehen Sie das Leckerli ein wenig in die Höhe in Richtung Ihrer Achsel (bei kleineren Hunden tiefer), um den Hund für die Sitzposition zu animieren. Sie können die Sitzposition noch mit einem Hörzeichen z. B. *SITZ* unterstützen. Nimmt Ihr Hund die Position ein, gibt es einen Click und Leckerli und Sie loben ihn viel mit der Stimme und mit Streicheleinheiten in dieser Position. Die Grundstellung ist ein sehr wichtiges Element in Obedience und es muss dem Hund Spaß machen, diese Position einzunehmen.

Merke:
Sollten Sie merken, dass Ihr Hund in dieser Position nicht gerne angefasst werden möchte, dann respektieren Sie dies bitte und loben ihn nur mit Leckerli und Stimme.

Hat Ihr Hund mit der oben beschriebenen Möglichkeit verstanden, wo seine Position bei der Grundstellung ist, dann sollten Sie diese Übung mit einem Training ergänzen. Denn er soll die sehr wichtige Grundstellung als Einladung zum Arbeiten und nicht als auftragsorientierte Aufgabe empfinden. Ich will erreichen, dass der Hund schnell, freudig und exakt die Grundstellung einnimmt. Dies gelingt mit folgender Übung:

Wir gehen davon aus, dass der Hund zwischenzeitlich gelernt hat, auf Ihr Kommando

Sitzt der Hund in der Grundstellung schief, gibt es in den Prüfungen schnell einen Punktabzug. Bei diesen beiden hier ist alles richtig.

(z. B. *FUSS*) in die Grundstellung zu kommen. Ob die Haltung dabei nun gerade ist oder noch etwas schief, ist im Moment noch ohne Belang.

Grundstellung Step-by-Step, Teil 2

- Der Hundeführer stellt sich gerade auf.
- Der Hundeführer ruft seinen Hund in die Grundstellung.
- Der Hund kommt und nimmt die Grundstellung ein. Falls nicht, unterstützt der Hundeführer seinen Hund mit einer kreisenden Handbewegung oder den Hilfen, die er noch benötigt.

- Der Hundeführer clickt und lobt mit der Stimme und wirft dann ein Leckerli etwa eineinhalb Meter nach vorne weg.
- Der Hund läuft zum Leckerli, frisst es und steht nun in dieser Position zum Hundeführer.
- Der Hundeführer ruft erneut das Kommando und der Ablauf beginnt von vorne.

Fußarbeit

Benötigte Hilfsmittel für die Fußarbeit: Leckerli, Spielzeug für den Hund, Körperspannung, Clicker und gute Laune des Hundeführers.

Ablauf: Das Erarbeiten der Fußarbeit setzt eine ordentliche Grundstellung voraus. Ist dies der Fall, beginnen Sie mit dem Training des perfekten ersten Schrittes. Sobald Sie auch den dritten und fünften Schritt in Perfektion zeigen können, erarbeiten Sie mit Ihrem Hund den rechten und den linken Winkel. Danach erweitern sie den rechten Winkel für die rechte Kehrtwendung und den linken Winkel für die linke Kehrtwendung. Erst wenn alle diese Einheiten korrekt ausgeführt werden, kann man die einzelnen Elemente zu einem ganzen Laufschema verbinden.

Der Aufbau der Fußarbeit erfolgt in winzigen Unterteilungen, Schritt für Schritt, Winkel für Winkel.

Vor dem ersten Schritt

Der erste Schritt bildet die Basis des Fußlaufens. Auf lange Sicht gesehen sollte der Hund beim Anheben des linken Beines des Hundeführers ebenfalls sein linkes Bein anheben. Wenn der Hundeführer sein rechtes Bein anhebt, dann sollte der Hund ebenfalls sein rechtes Bein anheben. Um das zu erzielen, benötigt man ein gleichmäßiges Taktgefühl. Das ist besonders schwierig bei Winkeln und Wendungen sowie beim Tempowechsel beizubehalten. Aber dazu später mehr.

Um einen sauber und aufmerksam bei Fuß laufenden Hund zu haben, sollten Sie nur dann losmarschieren, wenn Ihnen die volle Aufmerksamkeit des Hundes gilt. Gehen Sie nur einen Schritt. Klappt dieser zur Zufriedenheit, geben Sie anfangs sehr häufig eine Bestätigung. Der Laufweg verlängert sich mit der Zeit.

Sollte der Hund doch mal wegschauen, dann tolerieren Sie es, haben ihn aber dabei im Blick. Sollte sich der Hund wieder dazu entschließen, Sie anzuschauen, wird der Hund besonders gelobt und bekommt sofort einen Jackpot mit vielen Leckerlis.

Der erste Schritt

Beginnen wir damit, dass Sie den Hund aus der optimalen Grundstellung heraus mit einem Kommando zum Angehen, z. B. *FUSS*, ermuntern. Dabei gehen Sie immer mit dem linken Bein an. Hier ist es im Moment noch unwichtig, ob der Hund mit seinem linken oder rechten Bein angeht. Im Moment liegt unser Fokus darauf, dass der Hund gleichmäßig auf Höhe des Knies mit seiner Schulter seine Position hält und sich sofort nach dem ersten Schritt wieder in die Grundstellung setzt. Der Hund sollte Sie dabei keineswegs berühren. Sie können zu Anfang auch den Hund mit einem Leckerli in der Hand in die gewünschte Position und mit dem gewünschten Tempo mitziehen. Nimmt der Hund die richtige Position ein, wird dies mit einem Click und einem darauf folgenden Leckerli als Bestätigung mitgeteilt. Doch Achtung: Es macht wenig Sinn, viele Schritte nacheinander zu üben und nur dies mit Click und Leckerli zu bestätigen. Zwischendurch, etwa nach jedem zweiten bis dritten Einzelschritt, sollte der Hund besonders intensiv bestätigt werden. Dabei wird er aus der Position genommen und entspannt. Beginnen Sie nun wieder von vorne mit der Grundstellung und dem ersten Schritt. Mehr als zwei bis drei Mal sollten Sie zu Anfang diese Sequenz nicht wiederholen.

Den Fokus auf den ersten Schritt zu legen ist viel wichtiger, als mancher Ausbilder denken mag. Der Hund soll nicht abdriften, nicht zweispurig (also schräg neben uns) laufen, nicht den Kopf nach unten hängen lassen, den Hundeführer nicht bedrängen und vieles mehr. Dies ist eine wahre Herausforderung. Wir wissen, dass die Hunde neben uns in der Fußposition irgendwie laufen können – doch können sie dies auch in höchster Perfektion und mit viel Spaß?

Merke:
Bei täglich zehnminütigem Training können Sie in der Regel davon ausgehen, dass Sie nach circa vier Wochen einen perfekten ersten Schritt zusammen mit Ihrem Hund gehen können.

Der dritte und der fünfte Schritt

Wenn Sie und Ihr Hund gemeinsam einen perfekten ersten Schritt laufen können, dann können Sie nun die Sequenz auf drei Schritte und später auf fünf Schritte ausbauen. Ihr Hund sollte nach diesen Trainingseinheiten nicht nur harmonisch und im Takt neben Ihnen laufen, sondern Ihnen immer auch das Gefühl geben, dass es ihm Spaß macht und er sich enorm auf seine nächste Übung freut. Falls dies nicht der Fall sein sollte, verkürzen Sie die Übungseinheiten und bestätigen Ihren Vierbeiner bereits nach den ersten guten Ansätzen, um ihn bei bester Laune zu halten.

Merke:
Erst nach einem erfolgreichen Training zum fünften Schritt werden nach und nach längere Distanzen erarbeitet.

Trainingstipp

Stellen Sie sich in 5 bis 10 m Entfernung vor einen halbhohen Spiegel. Denken Sie an eine schmale zweispurige Straße. Sie und Ihr Hund haben jeder seine eigene Spur. Sie laufen nicht in seiner Spur und auch nicht in den Graben und Ihr Hund hat nichts in Ihrer Spur zu suchen (z. B. durch Bedrängen). Damit Sie Ihre Spur halten können, sollten Sie sich über den Spiegel hinweg ein Ziel suchen. Wichtig ist, dass Sie Ihr Ziel im Auge haben und nicht ständig Ihren Hund ansehen.

Der vorprellende Hund

Im Training sollten Hundetypen, die zum Vorprellen neigen, ganz anders geführt werden als bei einer Prüfung. Ein vorausprellender Hund wird im Training ganz bewusst gegen den Uhrzeigersinn geführt. Mit einem Nein-Kommando wird ihm ganz klar vermittelt, dass das Vorprellen oder Bedrängen unerwünscht ist. Sobald der Hund nur kleinste Ansätze zur optimalen Einhaltung der Stellung mit der Schulter am Knie zeigt, wird er linksherum (Ball wird in einem Bogen nach links außen rückwärts geworfen) bestätigt.

Der nachhängende Hund

Dass die Kontaktaufnahme bei der Fußarbeit ohne Worte erfolgen sollte, versteht sich bei einer Prüfung von selbst. Doch bei einem nachhängenden Hund kann man sehr wohl mit einem Lidschlag oder einem freundlichen Blickkontakt mehr Einsatz beim Hund herauskitzeln.

Wenn ein Hund bei der Fußarbeit nachhängt, lieg dies oft daran, dass der Hundeführer zu wenig Aktion bei der Arbeit mit dem Hund zeigt. Oder er trifft nicht den richtigen Zeitpunkt für die perfekte Bestätigung. Auch wird oft vergessen, dass der Hund Zeit und Unterstützung benötigt, um sich eine Übung selbstständig zu erarbeiten.

Bei der Fußarbeit wollen die Prüfungsrichter höchste Perfektion von Hundehalter und Hund sehen.

Der aktiv gewordene Hundeführer hat immer das Gefühl, er muss noch aktiver werden, damit der Hund die gewünschte Ausführung der Übung zeigt. Das ist im Prinzip richtig, doch ich möchte hier zusätzlich Tipps geben, die dem Hund ermöglichen, die Übung eigenständig zu erarbeiten.

Bei besonders schwer zu motivierenden Hunden sollten Sie für dieses Training einen Helfer an Ihrer Seite haben, der Ihnen Rückmeldung gibt, wie sich der Hund verhält. Gehen Sie mit Schwung geradeaus an, schauen Sie dabei bitte nicht auf Ihren Hund, sondern stur in Laufrichtung. Lediglich ansprechende und motivierende Kommandos, wie *KOMM* oder *AUF GEHT'S* sind erlaubt. Nun ist es ganz wichtig, dass Ihr Hund sich seine Position an Ihrer Seite erarbeitet. Wenn es sich um einen ganz hartnäckigen Kandidaten handelt, kann es sein, dass Sie auch mal einen größeren Kreis laufen müssen, damit Ihr Hund sich Ihnen anschließt. Doch Sie sollten jede noch so kleine Bewegung Ihres Hundes positiv bestärken, indem Sie mit der Stimme dem Hund mitteilen: „Toll gemacht, weiter so!“. Dabei dürfen Sie keinesfalls zum Hund zurückschauen! Er muss sich seinen Blickkontakt erarbeiten, indem er sich Ihnen anschließt. Wenn der Hund seinen Anschluss bei Ihnen sucht, dann sollte Ihr Fokus nur darauf liegen, dass der Hund zu Ihnen kommt und nicht, ob der Anschluss in Perfektion ausgeführt wurde. Es geht hier lediglich um den eigenständigen Anschluss zu Ihnen. Wenn Ihr Hund sich angeschlossen hat, drehen Sie sich nicht zum Hund um, um ihm sein Leckerli oder Spielzeug zu geben. Drehen Sie sich stattdessen nach rechts weg, damit Ihr Hund auch hier noch mal aktiv werden muss. Zeigt Ihr Hund erkennbare Fortschritte, empfehle ich Ihnen, das Leckerli oder das Spielzeug auch mal zur rechten Seite wegzuwerfen. Der Hund sollte dabei vorne um Sie herumlaufen. Unterstützen Sie Ihre Tat mit Ihrer Stimme z. B. „ja super!“. Jetzt sollten Sie Aktivität zeigen und sich aus tiefstem Herzen mit Ihrem Hund über seine freiwillige Entscheidung und Aktion freuen. Wenn Sie dies an verschiedenen Tagen wiederholen, werden Sie sicherlich die Aktivität Ihres Hundes in engeren Intervallen feststellen. Geben Sie Ihrem Hund die Zeit, die er braucht.

Winkel und Kehrtwendungen

Während Sie am Ausbau des perfekten Geradeausgehens arbeiten, können Sie parallel dazu beginnen, den Hund nach einer kurzen Pause an den rechten und später an den linken Winkel heranzuführen.

Bei der Winkelarbeit und den Kehrtwendungen ist es besonders wichtig, dass Sie keine Reduzierung der Geschwindigkeit oder gar Anhalten zeigen. Auch die bis vor einiger Zeit häufig gezeigte T-Stellung der Füße in den Kehrtwendungen ist bei vielen Leistungsrichtern nicht mehr erwünscht. Üblicherweise wollen die Leistungsrichter weiche und fließende Bewegungsabläufe beim Mensch-Hund-Team sehen.

Ich empfehle jedem Hundeführer, den exakten Bewegungsablauf in einem Trockentraining ohne Hund zu üben.

Aufbau rechter Winkel

Der Hund sitzt in Grundstellung neben Ihnen. Nehmen Sie ein Leckerli in die linke Hand zwischen Daumen, Zeige- und Mittelfinger. Halten Sie dies dem Hund vor die Nase und setzen Ihren rechten Fuß im 90-Grad-Winkel nach rechts. Ihren linken Fuß setzen sie daraufhin parallel langsam ziehend zum rechten Fuß hin und geben dabei dem Hund das Kommando *FUSS*. Bewegt sich der Hund in die gewünschte Richtung, loben Sie ihn mit Worten und geben ihm nun etwas zeitverzögert das Leckerli. Wiederholen Sie dies mehrmals, bis der Bewegungsablauf flüssig ist.

Funktioniert das gut, können Sie nun zum nächsten Schritt übergehen. Fügen Sie zu dem oben beschriebenen Bewegungsablauf noch zwei weitere Schritte geradeausgehend hinzu. Ist der Hund immer noch neben Ihnen in der gewünschten Position, dann loben Sie ihn mit Worten und geben ihm gleichzeitig das Leckerli.

Klappt auch das sehr gut, können Sie nun den rechten Winkel, die zwei anschließenden Schritte und eine Grundstellung zusammenfügen. Die abschließende Grundstellung erreichen Sie, indem Sie an Ihrer seitlich gedachten Hosennaht die Hand Richtung Achsel hochziehen. Der Hund wird in den meisten Fällen dem Leckerli folgen und setzt sich in der Regel bei diesem Bewegungsablauf hin. Sollte Ihr Hund aber die Chance ergreifen wollen und an Ihnen hochspringen, dann ist dies häufig ein Zeichen dafür, dass Sie den Bewegungsablauf zu schnell, beziehungsweise die Hand zu hoch Richtung Achsel gezogen haben. Probieren Sie es noch mal. Achten Sie darauf, dass die mit Leckerli bestückte Hand nur mit sehr wenig Abstand zur Nase an Ihrem Hosenbein entlang führt.

Aufbau linker Winkel

Sie halten auch hier das Leckerli in der linken Hand zwischen Daumen, Zeige- und Mittelfinger. Nun locken Sie Ihren Hund von der Grundstellung aus mit Ihrer Hand in den linken Winkel hinein. Dazu setzen Sie gleichzeitig mit dem Kommando *FUSS* Ihren linken Fuß etwa 30 Zentimeter in einem 90-Grad-Winkel vor die Vorderpfoten des Hundes. Danach ziehen Sie Ihren rechten Fuß zum linken Fuß nach. Es ist am Anfang nicht relevant, wenn der Hund bei der Ausführung nicht vollständig aufsteht, sondern nur mit dem Hinterteil am Boden entlang schlurft.

Funktioniert das gut, können Sie zum nächsten Schritt übergehen. Nun fügen Sie zu dem oben beschriebenen Bewegungsablauf noch zwei Schritte geradeausgehend hinzu. Ist der Hund immer noch neben Ihnen in der gewünschten

Position, dann loben Sie Ihren Hund mit Worten und geben ihm gleichzeitig das Leckerli.

Klappt auch das sehr gut, dann können Sie nun den linken Winkel, die zwei weiteren Schritte und eine Grundstellung zusammenfügen. Die abschließende Grundstellung erreichen Sie, indem Sie an Ihrer seitlich gedachten Hosennaht die linke Hand Richtung Achsel hochziehen (siehe „rechter Winkel").

Probleme beim Winkelgehen

Merken Sie beim Winkeltraining, dass Ihr Hund nicht sauber anschließt (nachhängt) oder zu wenig Hinterhandaktion zeigt, gehen Sie wie folgt vor:

- Klären Sie ab, ob Ihre Schrittlänge an die Bewegung des Hundes angepasst werden muss.
- Kontrollieren Sie ihre Körperhaltung: Hängt die linke Schulter zu weit nach hinten?
- Drücken Sie eventuell den Hund mit Ihrem ständigen Blickkontakt („Kontrollwahn" des Hundeführers) weg?

Falls diese drei Punkte nicht zutreffen, unterstützen Sie Ihren Hund, indem Sie sich beim Winkelpositionieren mit der linken Hand auf die linke Pobacke klopfen und dabei das Fußkommando sagen. Schauen Sie dabei den Hund keinesfalls an. Eine Kontrolle kann mit Hilfe eines Spiegels erfolgen.

Bei zu wenig Hinterhandaktion des Hundes hat sich schon öfter die „Elefantenübung" als sehr hilfreich erwiesen. Dabei wird ein großer leerer Farbeimer (mind. 10 l, oval) auf der Bodenunterseite mit Teppich beklebt und so zum Podest umfunktioniert. Der Hundeführer animiert den Hund mit Leckerchen dazu, dass er seine Vorderfüße auf dieses Podest stellt. Bleibt der Hund sicher mit seinen Vorderpfoten oben stehen, stellt sich der Hundeführer rechts neben den Vierbeiner. Anfangs hat der Hundeführer sein Leckerchen in der linken Hand und hält es dem Hund kurz vor die Schnauze. Dabei schiebt der Hundeführer den Hund leicht mit seinem Oberschenkel gegen den Uhrzeigersinn um den Eimer herum. Hierbei muss der Hund ausnahmslos mit der Hinterhand arbeiten. Den meisten Hunden macht diese Übung Spaß. Wenn dies auch bei Ihrem Hund der Fall ist, können Sie die Übung auch noch ausbauen, indem man den Hund nicht schiebt, sondern ihn im Uhrzeigersinn gehend lockt. Das Tolle daran ist, dass der Hund oft jetzt erst wahrnimmt, dass seine Hinterhand eine Funktion hat.

Für ängstliche oder phlegmatische Hunde empfiehlt sich eher das aus dem Pferdesport stammende Cavaletti-Training. Das Cavaletti-Training gibt dem Hund ein neues Gefühl für seinen Bewegungsablauf. Cavaletti sind niedrige Stangen von etwa einem Meter Länge, bestehend aus einem Rundholz, das auf jeder Seite fest mit einem Holzkreuz mit unterschiedlichen Schenkeln verbunden ist. Durch drehen der Ricks kann die Höhe verändert werden – normalerweise können je nach Drehung Höhen von 5, 15 und 25 cm eingestellt werden. Nun übersteigt der Hund mehrere Cavaletti nacheinander. Die Gangart des Hundes ist dabei der Schritt. Es soll beim Erarbeiten der Übung vermieden werden, dass der Hund Hüpfen, Hoppeln oder Ähnliches zeigt. Anfangs sind die Cavaletti-Stangen auf niedrigster Höhe eingestellt.

Wenn Sie von Ihrem Hund ständig bedrängt werden und es somit unmöglich ist, einen linken Winkel zu gehen, sollten Sie darauf achten, das Leckerli immer nur aus der linken Hand zu geben. Es wäre bei diesem Typ Hund konterproduktiv, ihn aus der rechten Hand oder rechten Tasche heraus zu füttern bzw. zu bestätigen.

Ist Ihr Verhalten korrekt und der Hund bedrängt Sie trotzdem, sollten Sie ihm vermitteln, dass sein Vorprellen keinen Sinn hat. Dazu erarbeiten Sie mehrere linke Winkel und Kehrtwendungen und achten bei jeder Ihrer Bewegungen darauf, dass sich der Hund in der korrekten Position befindet. Am Anfang müssen Sie jede noch so kleine Verbesserung loben. Dazu werfen Sie den Ball (aus der linken Tasche gezogen) nach links hinter den Hund weg. Achten Sie auf einen einwandfreien Bewegungsablauf des Hundes: Der Hund muss sich nach links außen um 180° drehen. Dies ist äußerst wichtig.

Aufbau Kehrtwendungen

Eingeleitet werden die linken und die rechten Kehrtwendungen wie die Winkel. Sie werden lediglich mit einem zügigen Herausgehen aus der Kehre in gleicher Frequenz und kurzer Schrittfolge erweitert. Hier wird beispielhaft die linke Kehrtwendung beschrieben:

- Der linke Fuß des Hundeführers wird quer vor die Vorderpfoten des Hundes gesetzt.
- Der rechte Fuß schlägt die Richtung zur Kehre ein.
- Der linke Fuß schließt den Richtungsvorgang ab,
- der rechte Fuß wird auf die ursprüngliche Linie zurückgestellt, damit der Hundeführer auf demselben Weg zurückgeht, den er vor der Kehrtwendung gegangen ist.

Für die rechte Kehrtwendung geschieht der Vorgang spiegelverkehrt.

Senden in ein Quadrat

Diese Übung wird unter Hundesportlern häufig „die Box" genannt. Der Aufbau der Box sollte zu Anfang in einer ruhigen Ecke des Hundeplatzes stattfinden. Günstig wäre eine natürliche Abgrenzung wie z. B. eine Hecke. Wenn möglich, suchen Sie sich einen Bereich mit einer langen und einer kurzen freien Seite. Zu Beginn der ersten Trainingsminute stellen Sie sich mit dem Rücken zur längsten Seite. Nun sollten Sie Ihrem Hund vermitteln, dass die Box sein Spielzimmer ist. Dort geht es ihm immer gut! Es macht Spaß in der Box zu sein, denn dort wird gespielt, dort gibt es nie ein böses Wort, auch kein Nein-Kommando und dass Tollste ist das Target in der Mitte – nicht das Band und auch nicht die Pylonen. Der Hund muss eine genaue Vorstellung von der Übung bekommen, somit reicht es nicht aus, dass Sie nur das Target ohne den Boxaufbau trainieren. Alle Handlungen, die der Hund als erstes lernt, festigen sich besonders tief in seinem Gehirn. Somit ist es sinnvoll, den Hund von der Mitte aus langsam nach außen zu trainieren. Denn die Mitte der Box ist das Ziel.

Ein Kommando für die Box wird erst später eingeführt, der Hund soll zunächst animiert

Das Senden in ein Quadrat kann man gut mit Hilfe des Targets aufbauen.

werden, eigenständig immer die Mitte der Box zu finden. Natürlich liegt dort immer das Target. Nur in der Prüfung fehlt es.

Nach etwa drei Wochen täglichen Trainings führen Sie dann ein Kommando ein. Dies geschieht eher nebenbei. Es soll kein auftragsorientiertes Kommando sein. Wir müssen es einführen, weil wir später in der Prüfung ein (Freigabe-)Kommando für die Box brauchen.

Mit der positiven Vermittlung der Box will man erreichen, dass der Hund später in Prüfungssituationen in den Ring geht und von sich aus nach der Box und später auch nach anderen Gegenständen (Hürde usw.) Ausschau hält. So prägt sich sein Bild von der Übung mehr und mehr ein. Schon dem Welpen kann man mit ganz kurzen Sequenzen mit dem Clicker das Target in der Box schmackhaft machen.

Training der Box

Für das Trainieren der Box benötigen Sie ein Target (ich rate zu einem transparenten Acrylplättchen mit der Größe 5 × 5 cm), besonders gute Leckerlis und einen Clicker mit Armband. Der Hund sollte den Clicker kennen. Die Anforderung an den Hundeführer besteht darin, eine sehr gute Koordination zu zeigen.

Einführung des Targets in der Box

Das Target wird nicht präsentiert (Ausnahme: erstes Berühren des Targets), sondern wir positionieren es, während der Hund sein Leckerli frisst. Das Target wird in der Hand gehalten und zwar so, dass die Finger die Seiten umschließen, also nicht nur an einer Ecke mit Daumen und Zeigefinger. So bestünde die Gefahr, dass der Hund das Target fassen will.

Stellen Sie sich mit Ihrem Hund in der Mitte der Box auf. In der linken Hand halten Sie das Target etwa 20 cm von der Nase des Hundes entfernt. Ihr Blick ist ausschließlich auf das Target gerichtet. Sie geben kein Kommando. Der Hund soll alleine auf die Idee kommen, das Target zu berühren. Haben Sie einen Hund, der nicht so leicht zur Aktion überzeugt werden kann, dann reduzieren Sie den Abstand etwas. Berührt nun der Hund das Target, wird sogleich mit Click und Leckerli (aus der rechten Hand) belohnt.

Wichtig: Während Ihr Hund das Leckerli aus der Hand nimmt und frisst, positionieren Sie nach und nach das Target weiter in Richtung Ihrer linken Körperseite. Ändern Sie dabei auch immer wieder die Höhe. Im Training reicht es, erst eine Körperhälfte zu erarbeiten.

In der nächsten Trainingseinheit beginnen Sie wieder an der linken Körperhälfte und arbeiten sich mit dem Target Stückchen für Stückchen auf die rechte Körperseite zu. Nun wechseln sie das Target in die rechte Hand und den Clicker in die linke Hand. Das Futter kommt nun ebenfalls aus der linken Hand. Das ist wichtig, da Sie sonst ein Handlingproblem bekommen und viel zu wenig Zeit haben, das Target neu zu positionieren.

Merke:
- Der Blick liegt immer auf dem Target.
- Es erfolgen keine Kommandos oder sonstigen Hörzeichen.
- Es gibt keine Anreize durch eine Bewegung des Targets.
- Das Target wird positioniert, nicht präsentiert.

Klappt das Berühren des Targets mit der Nase auf beiden Körperseiten, fahren Sie mit variablen Höhen fort. Sie können sich auch breitbeinig hinstellen und das Target zwischen den Beinen oder hinter Ihnen positionieren. Jetzt sind der Fantasie keine Grenzen gesetzt, es muss lediglich ein Berühren des Targets durch Ihren Hund möglich sein, ohne dass er sich dabei verletzt.

Beachten Sie, dass Sie nach jeder dritten bis vierten Target-Berührung nicht nur mit Click und Leckerli bestätigen, sondern Ihr Lob mit einem schönen Spiel bestärken. Dafür bietet sich das Zerren mit einem Spielzeug in der Box sehr gut an. Eine Bestätigung außerhalb der Box, beispielsweise mit einem Ball, wäre kontraproduktiv.

Das Target auf dem Boden

Ihr Hund ist nach dreiwöchigem Training ein schneller und freudiger „Target-Berührer" geworden? Glückwunsch! Die nächsten Schritte sind der Übergang des Targets von der Hand auf den Boden und das Überschreiten des Boxbands.

Das Target sollte langsam und für den Hund nachvollziehbar den Weg von der Hand auf den Boden zurücklegen. Gehen Sie dafür mit dem Blick auf das Target Stück für Stück auf die Knie, die Hand wandert zum Boden. Auch hier geben Sie kein Hörzeichen, lediglich Ihr Blick zum Target und Ihre Körpersprache sollen den Hund animieren, das Target zu berühren. Funktioniert das gut, dann können Sie auch bald das Target ohne Ihre Hand am Boden ablegen. Verharren Sie aber dabei immer noch am Boden kniend mit dem Blick auf dem Target. Im weiteren Verlauf bewegen Sie sich langsam rückwärts vom Target weg und richten sich dann nach und nach wieder auf.

Bauen Sie im nächsten Schritt eine Situation wie folgt auf: Das Target liegt in der Mitte der Box auf dem Boden, Sie stehen mit dem Rücken zur längsten Seite und Ihr Hund steht frontal zu Ihnen. Dann entfernen Sie sich etwa einen Meter vom Target in Richtung der langen freien Seite. Geben Sie Ihrem Hund noch immer kein Kommando, sondern blicken Sie einfach nur zum Target. Nun sollte Ihr Hund ohne weitere Hilfen zum Target laufen und es berühren. Sie clicken und bestätigen ihn. Im Normalfall müssten Sie jetzt immer noch in der Box stehen. Ihr Hund sollte sich in der Nähe ihrer Futterhand aufhalten. Wiederholen Sie nun den „Target-Touch" und verlassen Sie dabei in Minischrittchen die Box. Mit jedem neuen Schicken des Hundes gehen Sie einen Minischritt weiter heraus.

In der Regel haben die Hunde jetzt noch kein Problem damit. Sobald aber das Band und die Pylonen ins Spiel kommen, kann es passieren, dass der Hund lieber diese ansteuert, statt direkt zum Target zu laufen. Das kommt daher, weil sich das Bild der Box für den Hund verändert. Seien Sie für diese Stufe im Training Ihres Hundes sensibel! Sobald Sie dieses Verhalten erkennen, helfen Sie Ihrem Hund mit einer klaren Anweisung und dem Zurückgehen in Richtung des Targets. Wiederholen Sie das Schicken zum Target mehrere Male aus näherer Distanz und bestehen Sie auf einer sauberen Ausführung. Versuchen Sie nun einen zweiten Anlauf, indem Sie den Hund Schritt für Schritt zum Target über das Band schicken. Haben Sie Geduld! Der Aufbau der Box kann leicht drei Monate dauern.

Trainingsvielfalt mit der Box

Wenn interessierte Personen diesen Trainingsaufbau kennenlernen, vermissen sie zum einen den Aufbau vom Tempo und zum anderen die Trainingsvielfalt. In der Prüfung ist es weniger schlimm, wenn ein Hund nur langsam in die Box läuft. Schlimmer wäre, er würde diese erst gar nicht finden! Keine Sorge: Das Tempo kommt mit zunehmender Sicherheit und einem erhöhten Maß an Spaß.

Die Trainingsvielfalt kann erst dann einfließen, wenn der Hund sein Ziel sicher kennt. Ist das der Fall, dann bietet sich für spielende Hunde der Ball zur Bestärkung aus der Distanz an. Voraussetzung dafür ist, dass der Hundeführer zielgenau werfen kann. Der Ablauf ist wie folgt: Der Hund läuft in die Box, berührt das Target, der Hundeführer lobt mit der Stimme und bestätigt mit dem Ball. Variieren Sie die Distanz zur Box. Das können drei oder fünf Meter, dann wieder nur zwei Meter oder auch acht Meter sein. Der Hund sollte nicht wissen, wann er zur Box geschickt wird. Bringen Sie nun noch mehr Leben in die Box: Wenn Sie dem Hund den Ball zugeworfen haben, dann laufen Sie in die Box und spielen mit Ihrem Hund gemeinsam. Auch einen phlegmatischen Hund, der sehr aufgabenorientiert arbeitet und seine Bestätigung im Futter sieht, können Sie so mit dem Zuwerfen eines Futterdummys bestätigen.

Problem: Der Hund läuft nur langsam in die Box

Achten Sie darauf, dass die Box-Übung nicht zu routiniert abgewickelt wird. Ihr Fokus sollte bei dieser Problematik mehr darauf liegen, dass der Hund freudig in die Box läuft. Um dieses Ziel zu erreichen ist es wieder einmal wichtig zu wissen, zu welchem Typ Hund Ihr Vierbeiner gehört: Ist er eher ein „Spieler“ oder ein „Fresser“?

Bei einem Spieler erzielen Sie das gewünschte Verhalten am leichtesten, wenn Sie mit Ihrem Hund durch Spielen die Box und das Target super interessant machen. Reduzieren Sie als erstes Ihre Distanz bis zu dem Punkt, an dem Sie noch ein zufrieden stellendes Ergebnis von Ihrem Hund bekommen haben. Setzen Sie den Hund an diesem Punkt ab. Verfahren Sie nun wie im Kapitel „Spannungsbogen aufbauen“ (S. 15).

Ihr Hund wird vielleicht beim ersten Mal verdutzt sein. Lassen Sie sich nicht von Ihrem Kurs abbringen! Gehen Sie rückwärts in die Box und sprechen im spannenden Ton mit Ihrem Hund. Er wird vielleicht erste Ansätze zeigen, aufzustehen. Sie jedoch geben Ihrem Hund ganz klar das Kommando *SITZ*, ohne ihn dabei zu hart anzusprechen. Unser Ziel ist es, einen Spannungsbogen aufzubauen. Erst kurz bevor der Vierbeiner explodiert, erhält er die Erlaubnis, in die Box zu laufen. Im nächsten Durchgang müssen Sie dann gar nicht mehr ganz in die Box laufen. Machen Sie die Box mittels Ihrer Stimme für den Hund interessant und gehen Sie etwa bis zur Mitte zwischen Hund und Box. Ihr Hund muss natürlich wieder an seinem Ausgangspunkt sitzen bleiben. Nun bekommt der Hund das Freigabekommando für die Box. Sie laufen mit voller Geschwindigkeit in die Box und vielleicht gewinnen diesmal Sie. Das sollten Sie davon abhängig machen, ob Ihr Hund die Geschwindigkeit erhöht hat oder nicht. Hat er sie erhöht, sollte er auch das Ziel vor Ihnen erreichen dürfen.

Ist dies nicht der Fall, benötigen Sie nun einen Helfer. Dieser soll den Hund festhalten und aufputschen, Sie tun das Gleiche aus der Box heraus. Windet sich der Hund schon in den Armen des Helfers, weil er unbedingt zur Box möchte, ist das der optimale Zeitpunkt für das Freigabekommando. Entscheiden Sie nun selbst, was Ihrem Hund gut tut: Entweder, Sie kehren auf halbem Weg zu Ihrem Hund zurück oder Sie bleiben in der Box, um ihm noch mal ganz genau das Ziel zu zeigen. Wenn Sie in der Box stehen bleiben wollen, ist es wichtig, dass Sie sich mit dem Rücken zum Hund hinknien (vor ihnen sollte das Target sein). Denn Ihre erwartungsvollen Blicke könnten wieder zu Geschwindigkeitsverlust führen. Also bitte nicht den Hund anschauen. Ihr Helfer kann Ihnen die gewünschte Info geben, wie Ihr Hund sich verhält.

Sollte er nun noch immer in die Box schleichen, dann empfiehlt es sich, das Target zeitweise mit einem Futterschüsselchen auszutauschen. Der Hund darf dabei nicht sehen, wie Sie die Schüssel in die Box stellen, es soll eine Überraschung sein. Nehmen Sie eine Schüssel, die auf Ihrem Trainingsboden eher schlecht zu sehen ist, damit der Hund sie nicht bereits aus der Ferne ausmachen kann.

Des Weiteren muss die Schüssel mit ganz besonders leckeren Leckerlis gefüllt sein. Der Aufbau des Futterschüssel-Trainings lässt sich nach demselben Prinzip wie dem Target-Training aufbauen. Besonders wichtig ist, dass die Schüssel nicht vom Hundeführer gefüllt wird, sondern von einem Helfer und zwar so, dass der Hund dies nicht sieht. Der Helfer sollte nach dem Befüllen nicht neben der Box stehen bleiben, sondern sich in Richtung des Teams begeben. Denn in der Prüfung steht in der Regel neben der Box kein Steward oder Richter.

Problem: Der Hund bleibt vor der Box stehen und schaut fragend

Sehen Sie genau hin: Was ist das tatsächliche Problem Ihres Hundes? Möchte er einfach schon vor der Box ein Leckerchen abstauben? Dann handelt es sich hier um einen fordernden Hund, der Sie konditionieren möchte. Diesem Hund sollten Sie klar und deutlich vermitteln, dass er in die Box zu gehen hat, anderweitig erhält er keine Belohnung.

Oder handelt es sich um einen Hund, der sich unsicher ist, ob das, was er tut, wirklich richtig ist? Diesen Vierbeiner sollten Sie für seine bisherige Entscheidung mit Worten bestätigen. Wenn er dann weiter in die Box läuft, bestätigen Sie ihn überschwänglich für seine Arbeit. Wiederholen Sie die Übung gleich noch mal und reduzieren Sie die Distanz zur Box, damit der Hund nicht wieder das falsche Verhalten zeigen kann. Im weiteren Training sollten Sie Ihren Fokus darauf legen, dass der Hund mehr Spaß an der Box hat und sein Ziel genau kennt. Gehen Sie dabei nicht zu schnell voran.

Problem: Der Hund geht nicht in die Platzposition

Ergründen Sie die Ursache für das gezeigte Verhalten. Versteht Ihr Hund denn überhaupt die Anweisung für die Platzposition? Um dies festzustellen, empfehle ich die Signalkontrolle (siehe Kapitel „Signalkontrolle" S. 15). Führt der Hund sofort alle gewünschten Positionen

Dieser kleine Yorkshire Terrier hat begriffen, worum es bei der Box geht.

aus, hat er eine Verknüpfung zum gewünschten Kommando erarbeitet. Wenn Ihr Hund aber nicht gleich die gewünschte Position einnimmt, dann lassen Sie ihn seine Verknüpfung selbstständig erarbeiten und helfen ihm nicht mit Körperhilfen oder den Augen, sondern arbeiten mit Ihrer Stimme. Die Stimm-Modulation kann Ihnen dabei ein wertvoller Helfer sein (siehe Kapitel „Stimm-Modulation" S. 23).

Problem: Der Hund macht eigenständig *PLATZ*, eventuell außerhalb der Box

Schicken Sie Ihren Hund mehrere Trainingseinheiten lang in die Box. Lassen Sie ihn dabei keine Platzposition einnehmen, sondern lösen Sie die Übung vor seinem Erreichen der Box auf. Bestätigen Sie nun Ihren Hund, indem Sie mit ihm in die Box laufen und Ihn dort für das Stehen bestätigen. Schaffen Sie auf Grund der Distanz kein rechtzeitiges Bestätigen innerhalb der Box, dann werfen Sie stattdessen das Spielzeug oder den Futtersack hinter die Box. Damit lenken Sie Ihren Hund von seinem Vorhaben ab.

Sollte dies nicht den gewünschten Effekt zeigen, verringern Sie die Distanz zur Box. Sobald Ihr Hund die Box erreicht hat, rufen Sie kurz seinen Namen und werfen parallel dazu das Spielzeug.

Sollte der Hund auch diese Hilfe nicht umsetzen, dann bauen Sie die Box noch einmal komplett neu auf und belegen die Übungen mit neuen Kommandos. Legen Sie Ihren Fokus von Anfang an darauf, dass Ihr Hund in der Box korrekt steht.

Problem: Der Hund kommt nur zögerlich aus der Box

Meistens liegt der Grund für dieses Verhalten beim Blickkontakt des Hundeführers zum Hund. Der Hundeführer neigt zum Kontrollblick, was den Hund verunsichert. Er wird langsamer, um seinen Hundeführer besser einschätzen zu können. Um dies zu vermeiden, lassen Sie Ihren Hund die Übung alleine erarbeiten und richten Sie Ihren Blick zum Himmel. Strecken Sie dabei ganz bewusst dem Hund Ihren Hals entgegen.

Eine andere Möglichkeit ist das Werfen eines Belohnungsspielzeugs hinter sich, also in Laufrichtung des Hundes, solange der Hund noch volles Tempo auf Sie zu hat. Es ist wichtig, nur das hohe Tempo zu bestätigen.

Problem: Der Hund hebt das Target auf

Wenn der Hund überhaupt die Zeit hat, um das Target aufzuheben, dann waren Sie definitiv zu langsam mit der Bestätigung durch den Click. Clicken Sie schneller das gewünschte Verhalten und bestärken Sie Ihr stimmliches Lob mit dem Spielzeug.

Halbkugel

Die Halbkugel mit einem Durchmesser von etwa 20 cm und einer Höhe von etwa 8 cm ist ein Markierungspunkt, den der Hund anlaufen muss, um die nächste Anweisung für den weiteren Verlauf der Übung zu erhalten. Nach dem derzeitigen Reglement wird dies nur in Klasse 3 verlangt. Statt einer Markierungshalbkugel kann auch eine Pylone mit einer Höhe von etwa 15 cm und einer Breite von etwa 15 cm verwendet werden.

In der Klasse 3 soll der Hund bei der Halbkugel innerhalb eines Kreises von 2 m Radius zum Anhalten kommen, um dann entweder zum Viereck oder zum Apportel – je nach Übung – weiter geschickt zu werden. Steht der Hund nicht komplett mit allen vier Pfoten im markierten Kreis, wird die Übung mit null Punkten bewertet. Aus Sicht des Hundeführers hat der Hund seine optimale Stehposition auf Höhe von 12 Uhr eingenommen. Bei der Ausführung der Halbkugel ist es dem Hund nicht erlaubt, diese mit der Pfote oder der Nase anzustupsen.

Training der Halbkugel

Der Hundeführer lockt den Hund mit Futter in der Hand im Uhrzeigersinn um die Halbkugel herum und gibt dann auf Höhe der 12-Uhr-Position das Kommando *STEH*. Dies wird mehrmals wiederholt. Dabei sollte die Handhaltung variiert werden. Dann entfernt sich der Hundeführer einen Schritt in Richtung des späteren Ausgangspunkts. Der Ausgangspunkt liegt etwa 10 m von der Halbkugel entfernt. Um dem Hund Spaß bei dieser Übung zu bieten und ihn ausprobieren zu lassen, darf er auch mal ohne ein Kommando zur Halbkugel laufen. Denn nur ein freiwillig arbeitender Hund wird nachher mit Freude und Tempo die Halbkugel ansteuern. Das hat zur Folge, dass das Kommando so gegeben werden muss, dass der Richter nicht einschätzen kann, ob der

Hund das Steh von sich aus oder nach einer Ansage gezeigt hat.

Möchten Sie diese Methode nicht anwenden, können Sie alternativ hinter der Halbkugel ein Spielzeug oder Futter auslegen. Auch ein platziertes Target hinter der Halbkugel als Auslöser für die Bestätigung wäre eine Möglichkeit.

Ebenso bietet sich hier das Shapen des Hundes mit dem Clicker zur optimalen Position an der Halbkugel an.

Unabhängig davon, für welche Methode Sie sich entscheiden: Der Gang zur Halbkugel soll immer ein einladendes Kommando für Ihren Hund sein, das er mit Freude annimmt und ausführt.

Pylonenspiel

Ein schönes Spiel, welches viele Hunde schon zu Beginn des Erlernens der Halbkugel gerne spielen, ist das Pylonenspiel. Hierbei rennt der Hund einfach im Uhrzeigersinn um die Pylone/Halbkugel herum. Jetzt wirft der Hundeführer einen Ball zwischen seinen Füßen nach hinten, der Hund darf hinterherrennen. Sie vermitteln dem Hund damit ein anderes Bild der Übung, nämlich, dass das Ziel nicht die Pylone ist, sondern das Spielzeug. Für den Feinschliff muss dann in der Regel nicht auf das Tempo geachtet werden, sondern mehr darauf, dass der Hund an der Pylone exakt stehen bleibt.

Problem: Der Hund steuert nicht genau die Halbkugel an

Zeigen Sie Ihrem Hund die perfekte Position. Wenn er diese angenommen hat, dann achten sie besonders darauf, dass der Hund in den nächsten Trainingseinheiten keine unsaubere 12-Uhr-Position zeigt. Beharren Sie darauf, dass Ihr Hund diese so einnimmt, wie Sie es sich vorstellen.

Problem: Das Tempo zur Halbkugel ist zu gering

Klären Sie ab, was tatsächlich der Auslöser für dieses Verhalten ist: Unsicherheit oder fehlende Motivation? Wenn es Unsicherheit ist, dann bringen Sie durch ein engmaschiges Bestätigen wieder Sicherheit und Spaß in die Übung. Freuen Sie sich über jeden noch so kleinen Fortschritt und loben Sie Ihren Hund überschwänglich für seine gut gezeigte Ausführung. Vielleicht hilft es Ihrem Hund auch, wenn Sie hinter die Halbkugel ein Target legen und drei Meter dahinter sichtbar die beste Bestätigung. Hier kommt dann allerdings ein Gehorsamskommando hinzu, damit

Knapp daneben. Dieser Hund zeigt keine korrekte 12-Uhr-Position.

der Hund nicht direkt zu der Bestätigung durchläuft. Ein Hund, der das Target-Training kennt, wird jedoch normalerweise beim Target stehen bleiben und warten, bis Sie ihm die Freigabe geben. Der Fehler des Durchlaufens kommt in den meisten Fällen nur dann vor, wenn die Bestätigung nicht in einer Linie hinter dem Target liegt, sondern eher seitlich. Sie stellt damit eine hochgradige Verleitung aus, was hier natürlich unerwünscht ist.

Funktioniert die Arbeit mit dem Target gut, sollten Sie die Bestätigung am Target nicht sofort wieder abbauen, sondern nach und nach weiter nach hinten weg verschieben. Natürlich darf der Hund immer nach dem Berühren des Targets zu seiner Bestätigung laufen. Später folgt an dieser Stelle eine Anweisung, zum Apportel oder in das Viereck zu laufen.

Abrufen mit Steh und Platz

Bevor man mit der Übung beginnt, muss sichergestellt sein, dass der Hund mit den Kommandos *HIER, STEH* und *PLATZ* eine Verknüpfung entwickelt hat. Ich empfehle, zu Anfang den Fokus nicht auf hohes Tempo bei der Ausführung zu legen, sondern eher auf die Reaktion und Umsetzung der Kommandos.

Über lange Zeit gesehen erreicht man die perfekte Ausführung dieser Übung nur über variables Training und punktgenaue Bestätigung.

Als Hundeführer sollten Sie Ihrem Hund beim Training vermitteln, dass er das gegebene Kommando so lange zeigen soll, bis er von Ihnen eine andere Weisung erhält. Das gilt besonders für das erste Abrufen aus der Platzposition. Viele Hunde neigen dazu, eigenständig das Kommando *STEH* zu zeigen.

Da der Ablauf der Positionseinnahmen *STEH* und *PLATZ* gleich ist, sollte man dem Hund erst die Stehposition beibringt und später die Platzposition im Detail.

Training des Steh-Kommandos

Stellen Sie sich mit Ihrem Hund in Grundstellung auf. Der Hund soll sitzen bleiben. Sie verlassen Ihren Hund und bleiben in circa 8 bis 10 m Entfernung stehen. Stellen Sie sich mit Blick zu Ihrem Hund auf und rufen Sie ihn zu sich. Drei Meter bevor er Sie erreicht, machen Sie einen schwungvollen Ausfallschritt in Richtung Hund und strecken Ihre Arme rechts und links in Abwehrstellung von sich. Parallel dazu geben Sie das Kommando *STEH*. Zeigt der Hund den Ansatz zum Anhalten, dann bestätigen Sie ihn sofort mit einem Spielzeug- oder Futterbeutelwurf hinter den Hund.

Machen Sie beim Bestätigen nicht den Fehler, dass Sie das Spielzeug bereits sichtbar in der Hand halten. Dies wirkt wie ein Magnet auf Ihren Hund. Die Bestätigung muss überraschend kommen! Das heißt, Sie ziehen im Wechsel die Bestätigung aus Ihren seitlichen Taschen oder von der Rücktasche heraus. Verteilen Sie ruhig mehrere Spielzeuge oder Futterbeutel auf Ihre Taschen.

Blickkontakt steuern

Häufig sieht man beim Heranrufen, dass der Hundeführer dem Hund einen Blick zuwirft, dieser interpretiert ihn als Kontrollblick und reduziert daraufhin das Tempo. Nur bei Hunden, die äußerst unsicher sind, macht hier ein Blickkontakt Sinn. Besonders am Anfang können Sie Ihrem Hund damit die Rückmeldung geben, dass alles richtig ist und er so weiter machen soll. Mittelfristig sollte es jedoch Ihr Ziel sein, den Blickkontakt immer weiter abzubauen, damit der Hund sich in seiner Eigenständigkeit entwickeln kann.

Anderseits kann ein Blickkontakt, der zur Temporeduzierung und schlussendlich zum Anhalten führt, auch sehr hilfreich sein. Insbesondere dann, wenn es um das Stoppen aus der Bewegung geht. Hier reicht es meist schon aus, wenn Sie mit Ihrem Blick den Hund aufnehmen und unterstützend das Kommando *STEH* geben.

Stimme einsetzen

Als weitere Unterstützung gilt es, die richtige Stimm-Modulation einzuarbeiten. Für das Heranrufen soll Ihre Stimme einladend wirken. Für das Ausführen des Stehkommandos sollte Ihre Stimme hingegen wie ein Bremsbefehl wirken. Aber nicht nur die Höhe oder Tiefe der Stimmlage ist von Bedeutung, sondern auch die Wortlänge. Ein schnell laufender Hund reagiert erfahrungsgemäß schneller auf ein kurzes, prägnantes Stehkommando. Im Gegensatz dazu würde ein lang gezogenes Kommando dem Hund signalisieren, dass er sehr viel Zeit hat, das Kommando auszuführen. Und Zeit hat ein Hund bei der Ausführung der Positionen in dieser Übung definitiv nicht. Denn die Durchführung wird vom Richter in der Klasse 2 ab den ersten Anzeichen der Annahme des Kommandos bis zum endgültigen Stand auf drei Hundelängen erwartet und in der Klasse 3 sogar nur innerhalb einer Hundekörperlänge.

Tempo kontrollieren

Und hier kommen wir schon zu den Hauptproblemen dieser Übung: Es gibt Hunde, die zeigen zum einen nicht das gewünschte Tempo, weil sie nach einigen Übungen gelernt haben, dass sie ohnehin gleich wieder stehen bleiben müssen. Das weitaus häufigere Problem liegt jedoch in der Schnelligkeit der Einnahme der Steh- und Platzposition.

Das Problem mit der Geschwindigkeit ist in den meisten Fällen das kleinere Übel. Denn diese können Sie sehr gut wieder einarbeiten, wenn Sie Ihren Hund über mehrere Wochen hinweg nicht mehr zum Anhalten kommandieren, sondern ihn immer durchlaufen lassen. Ein ausgiebiges Tobespiel, wenn er bei Ihnen angekommen ist, tut sein Übriges. Im Wechsel kann man dazu noch den Ball oder Futterbeutel während des gewünschten Tempos – und nur dann! – hinter sich in Laufrichtung des Hundes werfen. Hier liegt der Fokus darauf, dass der Hund eine Geschwindigkeit entwickelt, die der Rasse und seiner körperlichen Fitness entspricht. Zeigt der Hund dieses Tempo, müssen Sie Stück für Stück diese gewünschte Darstellung

Beim Heranrufen sollte der Hund mindestens Trab-Tempo zeigen. Dieser Border Collie kommt schön zügig auf sein Frauchen zu.

ausbauen und festigen, indem Sie beispielsweise den Hund von Übung zu Übung einen kleinen Moment später bestätigen. Hier bedarf es sehr viel Fingerspitzengefühl.

Für das Training einer zügigen Ausführung der Positionen gibt es verschiedene Varianten. Auch folgende Möglichkeit fördert das Tempo und die Ausführung der Position: Hierzu bauen Sie einen Dreisprung auf. Stellen Sie dafür drei Agility-Hürden im Abstand von circa 6 m (je nach Größe des Hundes) in einer Linie auf. Der Vorzug bei diesem Training ist, dass der Hund einerseits durch das Springen über die Hürden einen sehr hohen Spaßfaktor hat. Außerdem haben Sie die Möglichkeit, ein sehr abwechslungsreiches Training gestalten zu können. Um ein hohes Tempo zu erreichen, rufen Sie Ihren Hund einfach über die Hürden zu sich. Wenn er bisher keine Erfahrung mit Hürden hat, machen Sie ihn zunächst in kleinen Schritten damit vertraut. Steigen Sie anfangs ruhig selber über die Hindernisse!

Auch das Anhalten lässt sich bei dieser Methode sehr gut trainieren. Der Hund soll vor einem der drei Sprünge stehen bleiben – er weiß aber nie, vor welchem. Zu Beginn empfehle ich, dem Hund erst nach dem zweiten Sprung das Stehkommando zu geben. Dazu stellen Sie sich knapp vor dem dritten Sprung auf und erarbeiten sich das Anhalten ähnlich wie beim „Abrufen mit Steh“ mit dem Ausfallschritt und der Armhaltung (siehe Kapitel „Abrufen mit Steh und Platz“, S. 42). Klappt das gut, dann variieren Sie die Einnahme der Position im Wechsel vor der ersten und dann vor der zweiten Hürde usw. Später können Sie die Sprünge dann wieder abbauen, indem Sie die Stangen erst einmal auf einer Seite schräg und später komplett auf den Boden legen. Danach werden Sie erst einen Ausleger der Hürde wegnehmen und später auch den zweiten Ausleger, sodass nur noch die Stangen am Boden liegen. Im nächsten Schritt können Sie dann alle Stangen bis auf eine abbauen.

Motivationsspiel

Das Umlaufen von Stangen ist ein Spiel, das nützlich für den allgemeinen Tempoaufbau sein kann. Außerdem eignet es sich für das erste Training des abrupten Stehenbleibens bei der Übung „Abrufen mit Steh“. Statt Stangen zu umlaufen kann man auch zwei dicht beieinander stehende Bäume nehmen.

Stellen Sie im Abstand von etwa 5 m zwei senkrechte Stangen auf. Beginnen Sie damit, dass Ihr Hund erst immer nur eine der beiden Stangen im Uhrzeigersinn umläuft. Am Anfang können Sie Ihren Hund mit einem Leckerli um die Stange locken. Wenn er die Stange gut umrundet hat, bestätigen Sie ihn mit einem fliegenden Ball oder Futtersack in Laufrichtung. Entfernen Sie sich mit jedem guten Ansatz Ihres Hundes mehr in Richtung der Mitte der Stangen. Klappt das gut, dann trainieren Sie an der zweiten Stange das Umlaufen des Hundes gegen den Uhrzeigersinn. Auch hier beginnen Sie nah an der Stange und entfernen sich immer mehr in Richtung der Mitte, bis der Hund die Stange nur noch mit der Ansage des Hörzeichens umrundet. Nun können Sie das Umrunden der beiden Stangen verbinden. Der Hund läuft also eine liegende Acht. Das Umlaufen soll in hohem Tempo geschehen. Sie können nun den Abstand der beiden Stangen vergrößern.

Wollen Sie das Motivationsspiel für die Übung „Abrufen mit Steh“ verwenden, empfiehlt sich ein größerer Abstand der Stangen von etwa 12 m. Das entspricht in etwa dem Abstand in der tatsächlichen Ausführung der Übung. Am Anfang stehen Sie in der Mitte zwischen den Stangen. Wenn Ihr Hund nach dem Umrunden auf Sie zugelaufen kommt, gehen Sie wenige Schritte rasant auf ihn zu und geben parallel dazu das Kommando *STEH*. Bereits beim kleinsten Ansatz zum Stehen werfen Sie zur Bestätigung sofort den Ball gegen die Laufrichtung Ihres Hundes.

Problem: Der Hund bleibt nicht ruhig stehen

Überprüfen Sie Ihre Körpersprache: Ist sie vielleicht uneindeutig? Oder ist das Spielzeug für den Hund sichtbar? Wenn beides nicht in Frage kommt, können Sie die nachfolgende Übung ausprobieren. Hierbei ist es besonders wichtig, dass Sie Ihren Hund nie zu sich laufen lassen oder ihn gar bei sich bestätigen. Denn dann würden Sie ihn für sein Fehlverhalten loben. Geben Sie lieber Ihrem Hund nach dem gewünschten Anhalten noch eine Anschlussaufgabe, z. B. kann er wieder zurück zum Ausgangspunkt laufen und dort eine Hürde überspringen, oder er darf ein vorher abgelegtes Spielzeug holen. Ihr Ziel sollte sein, den Fokus des Hundes hinter ihn, zum Ausgangspunkt, zu legen.

Alternativ kann man hier auch das Target-Training anwenden. Hierzu benötigt man zwei verschiedenfarbige Teppichstücke oder kreisrunde Auflagen mit einem Durchmesser von etwa 25 cm. Nachdem der Hund die jeweilige Position an den Targets antrainiert bekommen hat, legt man die Targets in einem Abstand von etwa 13 m voneinander aus. Nun kombiniert man beide Positionen *STEH* und *PLATZ* (Klasse 3) miteinander. Für den Hund ergibt sich so recht schnell ein Bild von der Übung. Der Abbau der Targets erfolgt mit äußerster Sorgfalt. Legen Sie den Schwerpunkt auf eine exakte Ausführung der Positionseinnahme.

Problem: Der Hund wird zum Schluss langsamer

Oft sieht man, dass der Hund im letzten Drittel vor dem Hundeführer sein Tempo reduziert. Dies zeigt sich besonders, kurz bevor er einen Vorsitz oder eine direkte Grundstellung einnimmt. Hier rate ich dem Hundeführer, seinen Hund nie im letzten Drittel mit den Augen zu fokussieren. Vielmehr soll er ihm die Möglichkeit geben, die Position für die Grundstellung eigenständig einzunehmen, darauf folgt natürlich ein dickes Lob. Am Anfang sollte es Ihnen wichtig sein, dass der Hund ohne Hilfe seine Position findet. Bestärken Sie Ihren Hund nach jedem Lob mit dem Mittel Ihrer Wahl. Für Sie und Ihren Hund soll es ein absolutes Highlight sein, wenn Ihr Hund sich eigenständig in die gewünschte Position setzt. Bestätigen Sie Ihren Hund dafür immer besonders überschwänglich und mit viel Herz.

Es gibt aber auch Hunde, die meinen, mit Einnahme der Grundstellung sei die Übung zu Ende und werden deswegen langsamer. Für diese Problematik empfehle ich, ein gemeinsames Highlight anzuschließen. Das kann beispielsweise ein Wettrennen zum Jackpot oder ein Sprung über die Hürde sein. Ein Hund, der noch etwas erwartet, wird sein Tempo automatisch erhöhen.

Merke:
Bei allen Tipps ist es wichtig, dass Sie Ihren Hund nie für seine Lobeinforderung bestätigen. Bleibt der Hund beispielsweise vorzeitig stehen, obwohl Sie das Kommando noch gar nicht gegeben haben, dann sollten Sie ihm vermitteln, dass dieses Verhalten leider nicht gewünscht war. Dazu eignet sich das „Schade-Wort", danach wird die Übung wiederholt.

Apportieren

Vielen Hunden, unabhängig ob Rassehund oder Mischling, liegt das Apportieren im Blut. Meinen Welpen vermittle ich von Anfang an, dass ein Spiel nur dann weitergeht, wenn sie mir das Spielzeug bringen.

Einführung des Apports

Damit der Welpe von Beginn an immer schnell zu mir zurückkommt, führe ich relativ früh

Diesem Vierbeiner sieht man die Freude am Apportieren an.

das Spielen mit zwei gleichwertigen Lieblingsgegenständen ein. Eingangs ist es nicht wichtig, dass der Welpe das Spielzeug perfekt in meine Hand bringt. Ich lege viel mehr Wert darauf, dass der Hund schnell zu dem geworfenen Gegenstand hinläuft, ihn aufhebt und in meine Richtung läuft. Wenn er dies wie gewünscht ausführt, fliegt sofort das zweite Lieblingsspielzeug mit einem ermunternden Lob in die entgegengesetzte Richtung. Während mein Hund das zweite geworfene Spielzeug fangen will, laufe ich zum erstausgeworfenen Gegenstand usw.

Dem Hund soll so spielerisch vermittelt werden, dass er alle geworfenen Gegenstände schnell aufheben zum Frauchen bringen soll. Mit dem Werfen des zweiten Spielzeuges will ich vermeiden, dass der Hund auf dem Spielzeug herumknautscht oder es versteckt. Zu guter Letzt will ich damit natürlich auch Geschwindigkeit in den Ablauf bringen. Auch, wenn Ihr Hund schon dem Welpenalter entwachsen ist, macht es Sinn, ihn auf diese Weise mit dem Apportieren vertraut zu machen.

Wenn Ihr Hund an diesem Spiel seine Freude hat, wird der Anspruch an die Ausführung gesteigert. Damit der Hund das erste Spielzeug immer näher zu Ihnen bringt, werfen Sie das zweite Spielzeug nun immer ein wenig später. Das heißt, zu Beginn lassen Sie Ihren Hund beispielsweise 2 m in Ihre Richtung laufen, dann werfen Sie das zweite Spielzeug. Beim nächsten Durchgang werfen Sie das Spielzeug dann 4 m, beim dritten Durchgang dann aber auch nur wieder 1 m. Der Hund darf nie wissen, wann der Einsatz des zweiten Spielzeuges kommt.

Erweitert wird das Spiel, indem Sie andere Gegenstände wie beispielsweise eine Beißwurst einfließen lassen.

Merke:
Führen Sie immer nur einen neuen Gegenstand ein, wechseln Sie nicht beide Spielzeuge gleichzeitig aus.

Als nächstes wollen wir den Hund dazu animieren, das Spielzeug in unsere Hand zu legen. Dazu werfen Sie den Gegenstand aus, schicken Ihren Hund los und begeben sich nun auf die Knie. Mit freundlichen Worten animieren Sie Ihren Hund, zu Ihnen zu kommen. Wahrscheinlich wird er das Apportel die ersten Male vor Ihnen auf den Boden werfen. Solange das Tempo, mit dem er zu Ihnen gelaufen kommt, seinem Typ entsprechend hoch ist, ist das kein Problem. Merken Sie jedoch, dass der Hund sein Tempo reduziert, dann wiederholen Sie die Übung. Knien Sie sich nun aber nicht mehr mit dem Gesicht zum Hund hin, sondern drehen Sie ihm Ihren Rücken zu und animieren Sie ihn mit Worten. Schauen Sie nicht über die Schulter! Dabei sollte Ihnen ein Helfer mitteilen, wie schnell

Ihr Hund zu Ihnen läuft beziehungsweise wie er sich verhält. Machen Sie sich bei den ersten Versuchen keine zu großen Gedanken, wenn das Tempo nicht so hoch ist. Meistens liegt dieses Verhalten des Hundes darin begründet, dass er diese neue Situation nicht einschätzen kann und somit etwas vorsichtig ist. Gehört Ihr Hund zu den besonders vorsichtigen Typen, dann geben Sie ihm seine Zeit und helfen ihm noch etwas länger mit dem zweiten Spielzeug. Zeigt der Hund dann keine Auffälligkeiten bezüglich des Tempos mehr, geht es weiter. Ihr Hund läuft um Sie herum und steht Ihnen nun mit dem Spielzeug im Maul gegenüber. Strecken Sie ihm Ihre flache Hand entgegen und geben Sie ihm das Kommando *AUS*. Vielleicht wird Ihr Hund es anfangs neben Ihrer Hand ausspucken, doch das ist kein Problem. Geben Sie ihm ein klares *NEIN* und zeigen ihm mit Ihrer zweiten Hand und dem Kommando *BRING*, wohin Sie das Spielzeug gerne gelegt bekommen möchten. Dabei kann es zum unmutigen Bellen oder Winseln Ihres Hundes kommen. Bleiben Sie ruhig, aber bestimmt. Jeder noch so kleine Ansatz Ihres Hundes, das Apportel in Ihre Hand zu legen, wird mit Ihrer Stimme positiv bestätigt. Klappt die Übergabe gut, dann können Sie sich nach und nach in der Knieposition Richtung Hund zurückdrehen und sich später wieder langsam aufrichten.

Produktwissen Apportel

Es gibt unzählige Apportel-Varianten, für den Obedience-Sport sind diejenigen aus Holz und Metall relevant. Laut Prüfungsordnung von 2011 werden vom Veranstalter Holz- und Metallapportel in drei verschiedenen Größen und Gewichten zur Auswahl angeboten.

Merke:
Das Apportel ist kein Spielzeug!

Holzapportel

Es gibt unterschiedliche Modelle von Holzapporteln: Dicke, dünne oder große Außenteile mit langen, kurzen oder dicken Stegen (Aufbissstück). Wichtig bei der Auswahl des Apportels ist, dass es Ihrem Hund passt und den Ansprüchen der Prüfungsordnung entspricht. Das Holzapportel sollte große eckige Außenteile haben. Zum einen, damit der Hund das Apportel auch in der Ferne bei höherem Gras auffinden kann und zum anderen, damit er es bei der Aufnahme leichter hat. Im Obedience geht es nicht nur darum, dass der Hund das Apportel bringt, sondern es wird auch die schnelle Aufnahme und die Geschwindigkeit der Ausführung bewertet.

Bei der Steglänge ist es von Bedeutung, dass diese nicht zu lang ist. Das verhindert, dass der Hund nachgreifen muss, denn das Gewicht ist bei einer passenden Steglänge schön gleichmäßig auf beide Seiten verteilt. Allerdings sollte es auch nicht zu knapp seitlich am Maul sein, denn dann könnte es durch die großen Außenteile die Augen berühren und das empfinden viele Hunde zu Recht als sehr störend.

Das Gewicht des Holzapportels soll laut Prüfungsordnung etwa 100 bis maximal 450 g betragen.

Metallapportel

Das Gewicht des Metallapportels soll etwa 100 bis maximal 200 g betragen.

Das Problem mit dem Metallapportel hat in den meisten Fällen der Hundeführer und nicht der Hund. Ausnahmen sind Hunde, die Schwierigkeiten mit ihrem Gebiss oder schlechte Erfahrung am Metallapportel gemacht haben. Es gibt jedoch ganz tolle Metallapportel aus Schweden, die aufgrund ihrer Materialzusammensetzung besonders schnell warm werden. Alle anderen Hunde überzeugen wir mit der „Dreiecks-Übung" oder der „Take-it-Übung" (siehe Kapitel „Training: Apport über die Hürde", S. 51).

Welches Apportel in welcher Klasse?

Je nach Klasse werden verschiedene Apportel benötigt.
Beginner-Klasse: Gegenstand frei wählbar, kann auch ein Spielzeug sein. Dürfte auch ein Futterdummy sein, allerdings nicht gefüllt mit Futter. Der Gegenstand wird vom Hundeführer zur Prüfung mitgebracht. Der Gegenstand wird vom Hundeführer auf ebener Erde in circa 10 m Entfernung ausgelegt.
Klasse 1: Vom Veranstalter werden drei verschieden große Holzapportel angeboten. Der Hundeführer wirft das Apportel auf etwa 10 m Entfernung aus. Das Benutzen von eigenen Apporteln ist nicht erlaubt.
Klasse 2: In dieser Klasse gibt es zwei Apportierübungen. Zum einen wird der Richtungsapport mit zwei Holzapporteln geprüft, zum anderen wird das Apportieren eines Metall- oder Holzapportels über die Hürde geprüft. Es bleibt dem Hundeführer freigestellt, ob er das Apportieren über die Hürde mit dem Holz- oder Metallapportel zeigt.
Klasse 3: Zum Richtungsapport werden drei Holzapportel ausgelegt. Beim Apportieren über die Hürde bekommt der Hundeführer ein Metallapportel zum Auswerfen vom Veranstalter gestellt.

Dieser Labrador kann beim Apport sein rassespezifisches Potenzial zeigen.

Training: Apport/Start

Prinzipiell kann man sagen, dass das Apportieren aus mehreren Einheiten und deren Unterpunkten besteht. Wenn Sie das Apportieren spielerisch mit Ihrem Hund erlernt haben, dürfte er begriffen haben, dass der zu bringende Gegenstand der Schlüssel zur Bestätigung, für das Spielzeug, ist. Starten Sie nun Ihren ersten Versuch. Zu Anfang reicht es, dass der Hund zum Apportel läuft und es kurz aufnimmt. Sie bestätigen dies mit lobender Stimme und werfen gleichzeitig das Spielzeug entgegen der Wurfrichtung des Holzapportels aus. Der Moment für die Bestätigung durch das Spielzeug muss in Ihren Wiederholungen variabel stattfinden. Dieser Vorgang soll dem Hund vor allem Spaß machen, eine perfekte Ausführung ist hier noch nicht wichtig.

Das Training für die Übung könnte wie folgt aussehen:

- Stellen Sie sich mit Ihrem Hund in der Grundstellung auf.
- Werfen Sie das Holzapportel auf circa 10 m aus.
- Der Hund nimmt mit Ihnen Blickkontakt auf.
- Sie schicken Ihren Hund mit einem klaren Kommando, z. B. *BRING'S,* zum Apportel.

Training: Apportel festhalten („Küchentraining")

In ruhiger Umgebung lassen Sie Ihren Hund vor sich sitzen. Halten Sie das Apportel mit beiden Händen an den Seitenteilen fest und bieten Sie es ihm mit dem Kommando *NIMM'S* an. Das Apportel wird keinesfalls dem Hund ins Maul geschoben! Zeigt der Hund Interesse und möchte es gleich am Steg fassen, lassen Sie dies zu und bestätigen Sie ihn mit lobenden Worten. Der Hund braucht das Apportel nur wenige Sekunden halten, dann nehmen Sie es ihm mit dem Kommando *AUS* wieder ab. Sollten Sie von Anfang an das Gefühl haben, dass er es ausspucken könnte, dann halten Sie das Apportel gemeinsam fest. Der Fokus dieser Übung liegt auf dem Halten. Neigt der Hund zum Knautschen, halten Sie das Apportel die ganze Zeit fest. Animieren Sie Ihren Hund, dass er das Apportel ruhig hält. Jeder noch so kleinste Ansatz wird ruhig mit Worten bestätigt. Dies wiederholen Sie mehrmals mit Ihrem Hund.

Training: Übergabe des Apportels

Nun soll der Hund das Apportel an den Hundeführer übergeben. Dazu nehmen Sie mit Ihrem Hund die Grundstellung ein. Entfernen Sie sich von Ihrem sitzenden Hund, legen Sie nach etwa 2 m das Apportel ab und gehen Sie weitere 2 m geradeaus weiter. Drehen Sie sich nun mit Ihrem Gesicht zum Hund und geben das Kommando *BRING'S*. Der Hund sollte nun zum Apportel laufen, es aufheben und in Ihre Richtung laufen um Ihnen das Apportel zu übergeben. Der Fokus liegt hier auf der Übergabe, nicht auf der Aufnahme und auch nicht auf dem Tempo. Die Übergabe sollte ruhig und ohne zu knautschen geschehen. Haben Sie Geduld, wenn Ihr Hund beispielsweise das ausgelegte Apportel ignoriert und direkt zu Ihnen kommt. Gehen Sie gemeinsam mit Ihrem Hund zurück zum Apportel, zeigen Sie

Das Apportel muss dem Hund vorsichtig aus dem Maul genommen werden, sonst kann es für ihn schmerzhaft werden.

es ihm und geben Sie ihm dabei das Kommando *BRING'S* – freundlich, aber bestimmt. Nun laufen Sie rückwärts etwas zurück und ermuntern Ihren Hund mit Blicken und netten Worten zum Bringen des Apportels. Geben Sie nicht auf, wenn es anfangs noch nicht zur perfekten Übergabe kommen sollte. Gehen Sie in sich und versuchen Sie nachzuempfinden, warum Ihr Hund das gewünschte Verhalten nicht zeigt.

Präsentiert Ihnen Ihr Hund das Apportel zur Abnahme perfekt, ist es wichtig, dass Sie nicht sofort hinlangen und ihm das Apportel abnehmen. Warten Sie einige Sekunden und greifen Sie dann zum Apportel. Ihr Hund sollte keine Verknüpfung herstellen wie „die Hände kommen ans Apportel, dann muss ich dieses sofort auslassen!". Häufig mündet dies in eine Spirale, bei der der Hund das Apportel immer früher loslässt und der Hundeführer damit zu kämpfen hat, das Apportel überhaupt in die Hand zu bekommen. Dies bedeutet dann unweigerlich, dass es irgendwann zur Erde fällt, was zu Punktabzug in der Prüfung führt.

Drei Parts beinhaltet die Übergabe des Apportels:

- Der Hund bietet das Holz zur Abnahme an. > Der Hund hält das Apportel alleine fest.

- Der Hundeführer will das Apportel abnehmen und greift zum Apportel. > Beide, Hundeführer und Hund, halten das Apportel gemeinsam fest.
- Der Hundeführer hat das Apportel genommen, indem der Hund seinen Kopf nach hinten streckt und so das Apportel anbietet. Der Hundeführer zieht dem Hund das Apportel nicht aus dem Maul! > Der Hundeführer hält das Apportel alleine fest.

Touch-Test

Um abzusichern, dass der Hund das Apportel schön hält, kann man den Touch-Test machen. Während Ihnen Ihr Hund das Apportel präsentiert, bewegen Sie vorsichtig eine Hand in Richtung Apportel. Falls sich sein Kiefer lockert oder öffnet, ziehen Sie Ihre Hand schnell wieder zurück und geben Ihrem Hund das Kommando *HALTEN*. Nun probieren Sie es erneut. Vielleicht unterstützen Sie Ihre Bewegung mit dem Kommando *HALTEN*. Zeigt Ihr Hund eine Verbesserung, bestätigen Sie ihn mit ruhiger Stimme. Anschließend greifen Sie nun mit beiden Händen zum Apportel, nehmen es aus und loben Ihren Hund und geben als Bestärkung Futter. Aber Achtung: Es ist besonders wichtig, dass Sie nicht das Holz aus dem Maul ziehen, sondern dass Sie das Apportel nur festhalten und der Hund seinen Kopf zurückzieht, um das Apportel selbstständig frei zu geben. Einige Hundeführer ziehen das Apportel so schnell aus dem Maul, dass es an den Zahnreihen entlangreibt. Dies ist äußerst unangenehm für den Hund und ein Grund für das schnelle Auslassen mancher Hunde.

Problem: Der Hund springt auf das Apportel

Wenn der Hund auf das Apportel springt, legen Sie eine gefüllte, vierkantige Wasserflasche wenige Zentimeter vor das Apportel. So verhindern Sie, dass der Hund das Apportel mit seinem Sprung „wiederbelebt“. Sicherlich wird er beim ersten Mal verdutzt schauen, aber es funktioniert mit großer Sicherheit. Sollte er die Wasserflasche apportieren wollen, dann unterbinden Sie dies mit einem klaren Nein-Kommando.

Problem: Der Hund nimmt das Apportel an den Seitenteilen auf

Die Aufnahme an den Seitenteilen ist problemlos und lediglich eine Phase im Apportier-Training, bis der Hund gemerkt hat, dass er das Apportel am Steg besser halten kann. Das wird er spätestens beim „Küchentraining“ (siehe S. 49) mit dem Apportel lernen. Sollte diese Phase wider Erwarten länger andauern, dann wählen Sie ein Apportel, das bis zu zwei Größen größer ist als Ihr bisheriges Apportel. Damit erschweren Sie Ihrem Hund die seitliche Aufnahme.

Problem: Der Hund lässt das Apportel zu früh los

Der Hund teilt hierbei dem Hundeführer mit, dass er nun gefälligst sein Spielzeug (Bestärkung zum Lob) haben möchte. Meistens passiert dies, weil das Spielzeug offensichtlich aus der Jackentasche des Hundeführers herausschaut. Dies ist zwar ein Fehler des Hundeführers, das berechtigt jedoch den Hund noch lange nicht, die Übung nach seinen Vorstellungen zu absolvieren. Zunächst stecken Sie das Spielzeug tiefer in die Tasche, sodass es für den Hund nicht sichtbar ist. Anschließend werden Sie ihm mit einem klaren Kommando, z. B. *NEIN*, mitteilen, dass dieses Verhalten nicht gewünscht ist. Ermuntern Sie ihn im selben Moment mit dem Kommando *BRING* und einem Sichtzeichen, dass er das Apportel holen soll. Bringt Ihr Hund daraufhin das Apportel, dann bestätigen Sie ihn sofort. Es muss für den Hund klar werden, was Sie von Ihm wollen. Seien Sie hierbei sehr konsequent.

Problem: Der Hund knautscht kurz vor der Übergabe

Fängt Ihr Hund kurz vor der Übergabe das Knautschen an, dann sollten Sie ihm direkt nach dem Hinsetzen einen weiteren Auftrag erteilen. Das kann z. B. ein Lauf um eine Stange mit dem Apportel im Maul sein. Hierbei wird dem Hund vermittelt, dass die Übung noch nicht zu Ende ist. Zu Anfang müssen Sie den Hund sehr häufig mit einem Auftrag entsenden, bis er verstanden hat, dass die Übung weiter geht und er keine Zeit zum Knautschen hat. Bleiben Sie dran!

Apport über die Hürde

Das Apportieren über die Hürde ist ein Zusammensetzen der Elemente aus der Klasse 1, dem Hürdensprung und dem Apportieren auf ebener Erde. Ein Hund, der beide Elemente in der Basis gelernt hat, wird mit dem Apportieren über die Hürde kein Problem haben.

Das Problem liegt häufiger beim Hundeführer, der das Apportel unglücklich wirft, wodurch es außerhalb des optimalen Weges landet. Dann kann es vorkommen, dass der Hund den Hinsprung über die Hürde zeigt, aber statt eines Rücksprungs seitlich an der Hürde vorbei läuft.

Training: Apport über die Hürde

Beginnen Sie damit, dass Sie Ihren Hund in etwa 3 m Abstand mittig vor der Hürde absetzen. Sie selbst steigen nun über die Hürde (auf keinen Fall seitlich daran vorbeigehen!), stellen sich nah an der Hürde mit dem Gesicht zum Hund auf und rufen ihn mit einem *HOPP* zu sich. Auch wenn das für Ihren Hund keine Schwierigkeit darstellt, ist es sinnvoll, mit dieser Übung zu beginnen. Nun steigern Sie die Anforderungen und stellen sich gemeinsam mit Ihrem Hund etwas abseits von der Ideallinie zur Hürde auf. Jetzt muss Ihr Hund einen immer länger werdenden Weg absolvieren. Variieren Sie auch etwas die Richtung nach links und rechts.

Nicht immer wirft der Hundeführer das Apportel auf der Ideallinie. Damit es trotzdem klappt, üben Sie diese Situationen ganz bewusst.

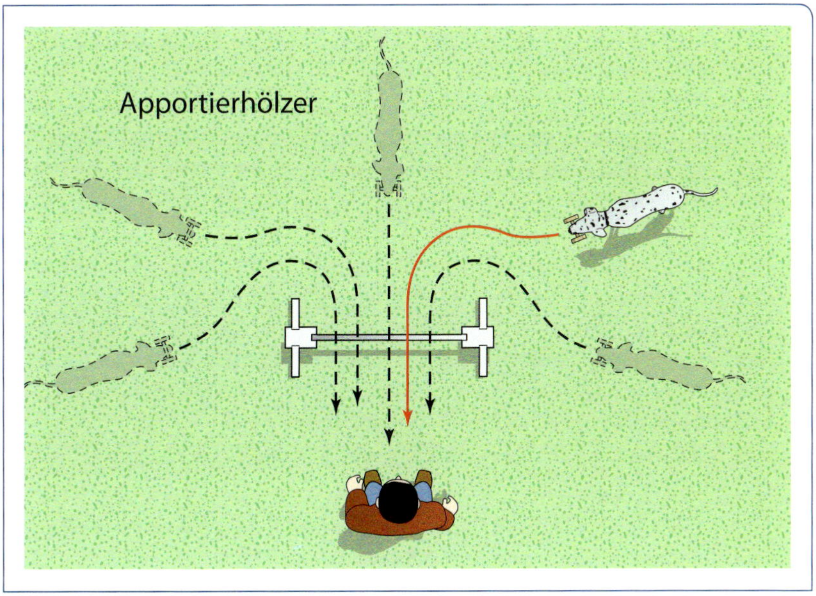

Wenn Sie glauben, dass der Hund die Hürde nicht für den Rücksprung nehmen wird, weil der Winkel für den Hund zu schwierig geworden ist, verfahren Sie wie folgt: Gehen Sie zur Hürde und locken Sie Ihren Hund für den Rücksprung herüber. Wenn das nicht wirkt, dann setzen Sie Ihren Hund dort ab, wo der Rücksprung noch gut geklappt hat, und steigern den Anspruch langsamer.

Dreiecks-Übung

Einige Hunde versuchen die Aufnahme des Metallapportels zu umgehen, indem sie das Apportel mit dem Nasenrücken in Richtung Hundeführer schieben. Mit Hilfe der Dreiecks-Übung wollen wir das schnelle Aufheben trainieren. Dazu gehen Sie wie folgt vor: In einem gedachten Viereck von 1 m Seitenlänge steht in einer Ecke Ihr Hund, in einer Ecke liegt das Apportel und in einer Ecke stehen Sie selber mit dem Lieblingsspielzeug Ihres Hundes. Dieses Spielzeug halten Sie sichtbar neben sich und achten darauf, dass der Hund es nicht schnappt, bevor er nicht mindestens ganz kurz das Metallapportel angehoben hat. Nun animieren Sie Ihren Hund, dass er das Apportel aufhebt. Dazu können Sie gerne *BRING'S* sagen. Der Hund kann verschiedene Verhaltensmöglichkeiten zeigen: Wenn Sie einen eher frechen Hund haben, wird er versuchen, nach dem Spielzeug zu schnappen. Weisen Sie ihn mit einem klaren *NEIN* ab und geben ihm erneut das Kommando zum Apportieren. Andere Hunde beginnen zu bellen oder zu winseln. Wieder andere laufen gestresst hin und her und um das Apportel.

Jetzt heißt es konsequent, freundlich, aber dennoch bestimmt bleiben. *BRING'S* ist kein einladendes, sondern ein bestimmendes Kommando. So sollten Sie dementsprechend auch Ihre Stimm-Modulation anwenden. Jeder noch so kleine Ansatz des Hundes, das Apportel aufzuheben, wird sofort mit einem *SUPER* bestätigt und der Ball als Bestärkung dem Hund gegeben. Es folgt ein kurzes gemeinsames Spiel, dann wird die Übung sofort wiederholt. Aus Erfahrung kann ich bestätigen, dass es auch bei ganz schwierigen Fällen zum Erfolg führt, wenn man die Dreiecks-Übung regelmäßig und konsequent durchführt.

„Take it"-Übung

Wenn Ihr Hund keine Lust hat, das Metallapportel aufzunehmen, könnten Sie dies auch mit der „Take it"-Übung trainieren. Sie ist ein fantastisches und wirksames Beispiel für Übungen zu Hause. So kann der Hund nie eine negative Verknüpfung zum Hundeplatz aufbauen.

In Ihrem Haus oder Ihrer Wohnung legen Sie direkt vor der Haus- oder Wohnungstür das Metallapportel aus. Gehen Sie in ein nah dem Ausgang gelegenes Zimmer. Setzen Sie sich gemütlich auf die Couch. Fragen Sie nun nach wenigen Minuten Ihren Hund, ob er Gassi gehen will. Natürlich ist er von diesem Vorschlag sehr begeistert. Nun sticheln Sie ihn mit Ihrer Stimme an, erzählen Sie ihm, was Sie beide beim Gassi gehen unternehmen und sehen werden. Währenddessen ziehen Sie sich an, legen Ihre Hand an die Türklinge und nehmen die Hundeleine in die Hand. Kurz bevor Sie die Tür öffnen, zeigen Sie ihm das Metallapportel. Geben Sie nun Ihr Bring-Kommando, egal welches, wichtig ist nur, dass es ermunternd wirkt. Sobald der Hund das Apportel auch nur leicht anhebt, öffnen Sie die Tür und er darf raus. Nach diesem Schema verfahren Sie einige Zeit. Wenn Sie merken, dass der Hund kein Problem mehr mit der Aufnahme hat, steigern Sie Ihre Ansprüche.

Metallapport mit Clicker trainieren

Diese Variante ist besonders für phlegmatische Hunde geeignet, die überhaupt keine Ambitionen haben, das Apportel aufzunehmen. Sie sehen einfach keinen Sinn darin und müssen somit überzeugt werden. Für diese Übung ist es wichtig, dass der Hund den Umgang mit dem Clicker bereits kennt.

In einer ruhigen Umgebung knien Sie sich auf den Boden und legen das Apportel circa 40 cm entfernt aus. Nun animieren Sie den Hund mit Blicken und wenigen Worten zum Aufheben des Apportels. Jede Aktion des Hundes Richtung Apportel, sei es auch nur eine kleine Bewegung oder sogar nur ein Blick, wird sofort mit einem Click und einem Leckerli bestätigt. In diesem Falle müssen es ganz besondere Leckerlis für Ihren Hund sein. Es ist wichtig, dass Sie bei dieser Übung nicht zu viele Wiederholungen machen, damit Sie Ihren Hund nicht überfordern. Bei diesem Typ Hund ist besonders viel Geduld gefragt.

Richtungsapport

Die Übung für den Richtungsapport wird wie folgt aufgebaut: Sie stehen zwischen 5 und 10 m (je nach Klasse) von einer Halbkugel oder Pylone entfernt. Nach weiteren 10 m sind in einer horizontalen Linie im Abstand von jeweils 5 m die Apportel ausgelegt. Der Hund soll das zuerst ausgelegte Apportel, das meistens vorab ausgelost wurde, auf direktem Weg zum Hundeführer bringen.

Es empfiehlt sich, dass der Hund den Weg zur Halbkugel und Ihre Ansagen für die Richtung bereits kennt. Sagen Sie beispielsweise *LINKS*, dann läuft Ihr Hund nach links usw.

Merke:
Ein Sichtzeichen mit dem Arm ist in der Länge Ihres Hörzeichens erlaubt.

Training des Richtungsapports

Falls Ihr Hund die Halbkugel noch nicht kennt, gehen Sie wie folgt vor: Stellen Sie eine Halbkugel etwa 1 m vor sich auf. Führen Sie nun Ihren Hund aus der Grundstellung mit einem Leckerli in der rechten Hand im Uhrzeigersinn auf die 12-Uhr-Position. Dann geben Sie ihm das Kommando *STEH*. Üben Sie das mehrmals.

Bevor Ihr Hund nun von der Halbkugel weiter zum Apportel geschickt wird ist es wichtig, dass er mit Ihnen Blickkontakt aufnimmt. Wenn Sie nicht mit diesem Kontakt arbeiten, kann es passieren, dass Ihr Hund selbst entscheidet, wann er losläuft und welches der drei Apportierklötze er holt. Das mitt-

Beim Richtungsapport ist es hilfreich, wenn der Hund auf die Kommandos LINKS und RECHTS trainiert wurde.

lere Holz steht niemals zur Auswahl! Daher empfiehlt es sich, das mittlere Holz immer 3–4 m weiter nach außen zu legen als die anderen Hölzer. So haben Sie genügend Reaktionszeit, falls der Schlingel beabsichtigt, das mittlere Holz zu apportieren.

Beim Übungsaufbau sollten die Apportel noch nicht die vollen 10 m von der Halbkugel entfernt ausliegen. Anfangs reichen auf jeden Fall 2 m. Allerdings sollte am Anfang der Abstand zwischen den Apporteln gute 7 m betragen – also mehr, als später im Wettkampf gefordert. Denn dann lernt der Hund, einen schönen Bogen zu laufen, was die Fehlerquote (Aufnahme des mittleren Holzes) deutlich reduziert.

Ihr Hund steht nun an der Halbkugel. Jetzt gehen Sie 1 m zurück und stellen sich danach 2 m in die jeweilige Richtung (links oder rechts) desjenigen Apportels, das Ihr Hund holen soll auf. Nehmen Sie Blickkontakt mit Ihrem Hund auf und heben Sie den Arm. Sagen Sie gleichzeitig das Hörzeichen für die Richtung, in die Ihr Hund laufen soll (*LINKS* oder *RECHTS*). Funktioniert das gut, dann können Sie langsam die Hilfe abbauen und nach und nach zur Mitte zurückkehren. Klappt es noch nicht, liegt es bei den meisten Teams an einer missverständlichen Kommunikation zwischen Hund und Hundeführer. In diesem Fall erweitern Sie die seitlichen Schritte in Richtung des zu holenden Apportels und verstärken die Hilfe, in dem Sie weiter zur verlängerten Linie der Halbkugel vorgehen. Wenn Sie nun Ihren Hund schicken möchten, rufen Sie ihn erst zu sich und schicken Ihn dann mit der korrekten Körperhaltung und dem Hörzeichen weiter zum Apportel.

Tipps für den Wettkampf

Um einen Hund auf seine bevorstehende Aufgabe vorzubereiten, kann man folgendes trainieren: Soll der Hund das linke Holz apportieren, streichen Sie ihm vor Übungsbeginn an der linken Körperseite entlang. Soll er das rechte Holz apportieren, dann streicheln Sie ihm seine rechte Körperseite. So kann man einen noch nicht so sicheren Hund im Wettkampf bei der Richtungsansage unterstützen.

Damit Ihr Hund schon zu Beginn der Übung darauf achtet, welches Apportel der Steward wohin auslegt, macht es Sinn, dass Sie dafür ein Hörzeichen einführen, z. B. *AUFPASSEN* oder *LOOK*.

Identifizieren und Apportieren eines Gegenstandes

Diese Übung wird umgangssprachlich auch Geruchsunterscheidung genannt.

Hunde zählen zu den sehr gut witternden Säugetieren (Makrosmaten). Sie haben abhängig von der Schnauzenlänge und Rasse unterschiedlich viele Riechzellen. Doch alleine die Riechleistung von der Anzahl der Zellen abhängig zu machen, wäre unkorrekt. Ergänzend dazu sollte man wissen, dass der Hund mit kurzen Atemzügen etwa 300 Mal in der Minute seine Riechzellen mit Geruchspartikel umspülen kann. Außerdem verfügen unsere Hunde über ein Riechhirn, das circa 10 % ihres Gesamthirns ausmacht. Zum Vergleich: Der Mensch hat nur etwa fünf Millionen Riechzellen und die Größe unsers Riechhirns beträgt etwa 1 % unseres Gesamthirns.

Oft wird die Geruchsidentifikation auch als Geschmacksprobe bezeichnet. Es ist tatsächlich so, dass Hunde Gerüche über das Jacobson-Organ schmecken können.

Training der Geruchsunterscheidung

Der erste Kontakt mit dem Geruchsholz sollte immer spielerisch geschehen. Was im Umkehrschluss nicht bedeutet, dass der Hund auf dem Hölzchen wild herumkauen darf. Das Ziel bei einem Anfängerhund ist es, die Freude am Finden zu wecken.

Ob es wohl das richtige Hölzchen ist? Seine feine Nase müsste es eigentlich gerochen haben.

Zu Beginn wird der Hund in die Sitzposition gebracht. Nun legen Sie ein Hölzchen in einem Abstand von etwa 3–4 m aus, und zwar so, dass es für den Hund auf den ersten Blick nicht sichtbar ist. Gehen Sie zu Ihrem Hund zurück und schicken Sie ihn mit einer einladenden Handbewegung und einem ermunternden *SUCH* los. Hat Ihr Hund das Hölzchen gefunden, ist es nicht wichtig, dass er es Ihnen sofort zurückbringt. Ein kurzes Aufheben genügt völlig. Unser Ziel in dieser Phase ist es, den Hund für das Finden und die getroffene Entscheidung, es aufzuheben, zu bestätigen – mehr nicht! Sonst besteht die Gefahr, dass der Hund das Hölzchen einfach nur apportieren will, ohne zuvor seine Nase eingesetzt zu haben.

Funktioniert das gut, dann bietet sich das Suchen in Ackerfurchen, hinter Sträuchern oder in einer etwas höher gewachsenen Wiese an. Dem Hund wollen wir dabei immer vermitteln, dass es ein tolles Suchspiel ist! Schritt für Schritt bekommt der Hund seine Bestätigung immer etwas später, damit er immer näher in Ihre Richtung läuft. Irgendwann ist er soweit bei Ihnen, dass er Ihnen das Hölzchen in die Hand übergeben kann. Bieten Sie Ihrem Hund ein Tauschobjekt an, wenn er nicht gleich von sich aus kommen will.

Trainingsvoraussetzungen

Die Geruchsunterscheidung birgt einen großen Knackpunkt, nämlich dem Hund klarzumachen, dass es hier nicht um das reine Apportieren, sondern um das Erriechen und Bringen des richtigen Gegenstandes geht.
Aus diesem Grund sollten Sie gut überlegen, zu welchem Zeitpunkt der Ausbildung Ihres Hundes Sie diese Übung einführen. Es macht wenig Sinn, das Training in einer Phase zu beginnen, in der man dem Hund das Apportieren beibringt. Insbesondere für Junghunde ist es anfangs schwierig, eine Unterscheidung festzustellen.
Benötigte Utensilien für das erste Training:

- Ein Helfer.
- 30 Hölzchen aus Kiefer, Fichte, Buche und/oder Eiche, die an den Kanten gefast (abgekantet) sind. Maße: 10 × 2 × 2 cm.
- Eine unbenutzte Grillzange.
- Ein Behälter, in dem die Hölzer aufbewahrt werden.
- Ein Hölzchen, das Ihr Hund schon mehrere Male beim Spiel im Maul hatte.

Üben Sie zu Beginn an einem Ort mit wenig Ablenkung, an dem sich Ihr Hund sicher fühlt.

Die neuen Hölzchen dürfen in Klasse 2 nur mit der Grillzange angefasst werden.

Stellen Sie sich mit Ihrem Hund in der Grundstellung auf. Ihr Helfer schichtet die 30 Geruchshölzchen zu einem Hölzchenhaufen auf. Dabei darf er die Hölzchen nicht mit der Hand anfassen. Das von Ihnen angefasste Hölzchen darf der Helfer auch nur mit der Grillzange anfassen. Er legt es auf die Sechs-Uhr-Position (aus Ihrer Sicht) etwa 20 cm vor dem Stapel aus. Ihr Helfer stellt sich nun seitlich zu Ihnen zurück. Sie schicken Ihren Hund mit dem bereits im Spiel benutzten Hörzeichen zu den Hölzchen. Schon beim ersten Schicken achten Sie auf die Ausführung Ihres Hundes: Wie ist sein Verhalten? Hat er Interesse an den anderen Hölzern? Springt er mit beiden Vorderfüßen in den Stapel der Hölzer, weil er diese als „fliegende“ Beute ansieht? Oder läuft er zielstrebig zu „seinem“ Holz hin? In mehreren Wiederholungen wandert nun Ihr Hölzchen im Uhrzeigersinn um den Holzstapel herum, bis es außer der Sicht Ihres Hundes auf der Zwölf-Uhr-Position landet. Nach diesen Versuchen müssten Sie den Verhaltenstyp Ihres Hundes ausfindig gemacht haben können.

Merke:
Diese ersten Übungen werden nie mit einem harten Kommando unter- bzw. abgebrochen.

Verhaltenstypen

Wenn man ein typisches Verhalten eines Hundes beschreibt, muss man sich darüber im Klaren sein, dass es auch verschiedene Mischtypen gibt. Deshalb werden nur die Verhaltenstypen beschrieben, denen man besonders häufig begegnet.

Der Routinierte: Dieser Hund gehört zu den Typen, die wissen, was zu tun ist und sich nicht von den anderen Hölzern ablenken lassen. Der Routinierte hat bereits auf dem Weg zu den Hölzchen „seines“ in der Nase. Er hat bereits in der Spielphase seine Methodik entwickelt und ist sich seiner sicher, wenn alles nach „Schema F“ läuft. Bei Fehlern des Stewards (wenn dieser z. B. das Holz auf einer falschen Position auslegt) können Hunde dieses Typs in Schwierigkeiten kommen, da Sie nicht gelernt haben, sich zu vergewissern. Wird der Hund öfter in eine wie oben beschriebene Situationen gebracht, zeigt dieser Typ eher Unsicherheitsverhalten.

Der Apportierer: Dieser Typ Hund läuft meistens mit hohem Tempo ungestüm in die Hölzer und will nur ganz schnell irgendein Hölzchen bringen – egal welches. Hauptsache für diesen Hund ist es, irgendetwas zu bringen. Hier muss der Hundeführer in ganz kleinen Schritten vorgehen, was einen großen Zeitaufwand bedeuten kann. Dies kann außerdem zu einem Geschwindigkeitsverlust des Hundes führen. Auch das Knautschen des Hölzchens kann bei diesem Typ vorkommen.

Der Gründliche: Dieser Hundetyp schnüffelt erst einmal alle Hölzchen ab, um dann in Ruhe eine Entscheidung zu treffen. Er lässt sich nicht von Geruchspartikeln, die beispielsweise durch den Wind an die anderen Geruchshölzer getragen wurden, verleiten. Unter Umständen zeigt er jedoch erst mit vollständiger Sicherheit ein hohes Tempo. Der Gründliche neigt manchmal zur Geschmacksprobe.

Abhängig vom Hundetyp sollten Sie die geeignete Trainingsmethode wählen. Distanzieren Sie sich von gutgemeinten Ratschlägen aus Ihrem Freundeskreis, die beispielsweise dem Hund eines Bekannten geholfen haben!

Es gibt noch weitere Möglichkeiten des Trainings der Geruchsunterscheidung, die Ihrem Hund vermitteln werden, dass die Geruchsunterscheidung kein Apportieren ist. Mit dem Einsatz von verschiedenen Materialien wollen wir dem Vierbeiner motivieren, seinen Geruchssinn für diese Arbeit einzusetzen. Die folgenden Trainingsvarianten empfehle ich immer dann anzuwenden, wenn der Hund bereits Bekanntschaft mit dem Geruchsholz gemacht hat.

Training mit Plastikblumentöpfchen

Benötigte Utensilien:

- Sechs kleine Plastikblumentöpfchen mit Lochung am Boden (Baumarkt).
- Ein Vinylhandschuh (Apotheke).
- Ein „eigenes" Geruchsholz.
- Fünf neutral riechende Geruchshölzer.
- Ein Clicker.
- Leckerlis.

Beim Aufbau dieser Trainingseinheit ist es wichtig, dass Sie ganz genau darauf achten, was Sie mit der puren Hand anfassen und was Sie nur mit der Handschuh-Hand anfassen. Deshalb ziehen Sie sich zu Beginn der Übung den Vinylhandschuh über eine Hand und stellen mit dieser Hand zwei kleine Plastikblumentöpfchen in Abstand von etwa 40 cm vor Ihrem sitzenden Hund nebeneinander auf.

Unter eines dieser Töpfchen legen Sie nun mit der nackten Hand Ihr Geruchshölzchen aus. Nun geben Sie Ihrem Hund das Suchkommando. Zu Anfang achten Sie darauf, das Hölzchen immer unter das gleiche Töpfchen zu legen und dieses nur an verschiedenen Stellen zu positionieren. Dies beugt einem unnötigen Geruchswirrwarr vor. Berührt Ihr Hund das richtige Töpfchen, gibt es einen Click und Leckerli aus der handschuhlosen Hand. Berührt er das falsche Töpfchen, kommt ein Schade-Kommando und dem Hund wird eine neue Chance gegeben. Fällt das Töpfchen, beim Berühren durch den Hund um, ist dies kein Problem. Vorausgesetzt, es war das richtige Töpfchen mit dem Holz, können Sie nun gleich die Übergabe durch den Hund trainieren. Die Übergabe ist jedoch momentan nur ein Nebeneffekt – mehr nicht.

Funktioniert die Identifizierung des Hölzchens zwischen zwei Töpfen gut und er hat eine hohe Erfolgsquote, dann können Sie ein drittes, später ein viertes und ein fünftes Töpfchen mit einbringen. Mit Einführung des vierten Töpfchens liegt das zu identifizierende Holz nicht mehr an den äußeren Stellen. Dies wird im Wettkampf auch nicht der Fall sein. Wenn Sie nun insgesamt sechs Töpfchen vor sich stehen haben und Ihr Hund zuverlässig das richtige Töpfchen umwirft, dann ist die Zeit für ein zweites Hölzchen gekommen. Dieses Holz und jedes weitere Holz darf von Ihnen aber nur mit dem Handschuh angefasst werden.

Anfangs werden Sie das „richtige" Hölzchen in das zweite Töpfchen von links legen. Das zweite neutrale Holz kommt unter das fünfte Töpfchen. Entscheidet sich der Hund für das falsche Hölzchen, dann ist das kein Weltuntergang. Seien Sie froh, dass Ihr Hund sich entschieden hat. Nichts ist schlimmer in dieser Ausbildungsphase, als ein verunsicherter Hund, der sich nicht mehr traut, eine Entscheidung zu treffen. Vertrauen Sie Ihrem Hund, er wird es mit Ihrer Geduld sicherlich lernen.

Training mit Röhrchen

Benötigte Utensilien:

- Ein Helfer.
- Mehrere Winkel und Rohre in verschiedenen Längen und Durchmessern aus Kunststoff und Metall (Baumarkt, Gas-Wasser-Installationsabteilung).

- Lüsterklemmen oder auch Gegenstände, die ihr Hund nicht gerne ins Maul nimmt (die Garage, die Kammer oder der Dachboden können wahre Fundgruben sein).
- Eine Zange.
- Ihre Stimme.
- Leckerlis.

Zunächst werden die Winkel und Rohre vom Helfer ausgelegt. In der Mitte dieser Teile wird vom Helfer mit Hilfe einer Zange das Geruchsholz des Hundeführers ausgelegt. Wenn der Hund nun dorthin läuft, wird er sein Holz mit großer Wahrscheinlichkeit sofort identifizieren können. Er kehrt zum Hundeführer zurück, dieser lobt ihn mit Stimme und Leckerlis.

Identifiziert der Hund sein Hölzchen mehrfach richtig, dann kommt ein zweites Hölzchen mit ins Spiel. Anfangs lugt es nur ein kleines Stück aus einem der Rohre heraus. Reagiert der Hund nicht auf diese Verleitung, dann wird es Stück für Stück weiter aus dem Röhrchen gezogen. Dann folgt ein drittes Holz. Mit jedem neu eingeführten Hölzchen wird ein Röhrchen entnommen. Zu Anfang liegen die Gegenstände flächig kreisrund, mit jedem weiteren Identifizierungsdurchgang werden die Gegenstände mehr in eine Linie gebracht.

Bevor nur noch Hölzchen ohne Winkel und Röhrchen ausliegen, macht es Sinn, die Winkel als besondere Herausforderung einzusetzen. In das eine Ende eines Winkels kommt das richtige Hölzchen, in das andere Ende ein falsches. Meistert Ihr Hund auch diese Aufgabe, hat er die Identifikation verinnerlicht.

Training mit dem Brett

Die traditionelle Brettmethode ist besonders für apportierwütige Hunde geeignet. Aber auch für Hundeführer, die keine andere Möglichkeit mehr sehen, ist das Training mit dem Brett eine wirkliche Chance.

Benötigte Utensilien:

- Ein Helfer.
- Ein Holzbrett mit den Maßen 200 × 90 × 2 cm.
- 20 Geruchshölzer mit Fremdgeruch.
- Zwei Geruchshölzer mit Eigengeruch vom Hundeführer.
- Zehn Nägel.
- Ein Hammer.

Das Training mit Plastikrohren und -winkeln aus dem Baumarkt ist vielseitig und effektiv.

So sieht ein fertig präpariertes Hölzchen-Brett für das Trainieren mit der Brettmethode aus.

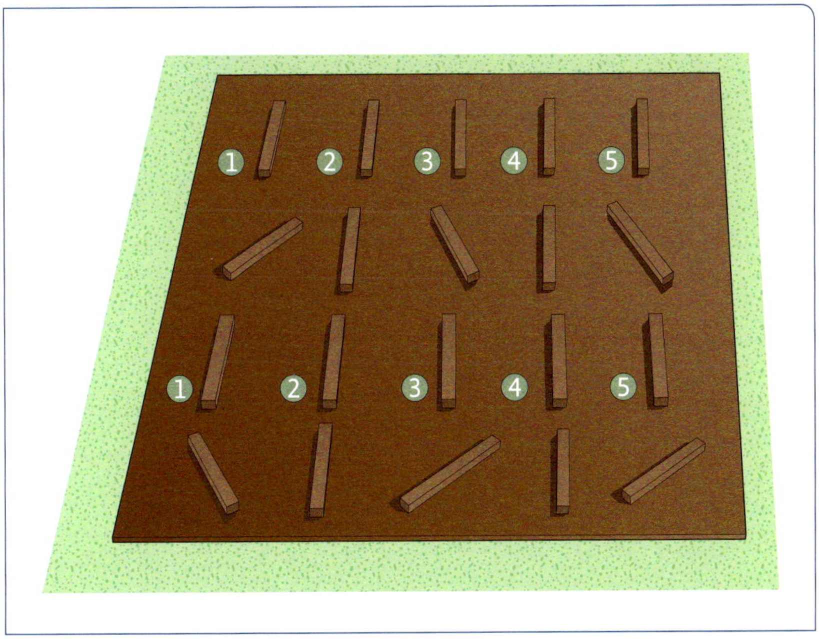

Nageln Sie vier Reihen mit je fünf Geruchshölzern in einem Abstand von etwa 35 cm auf das Brett. Achten Sie darauf, dass bei der Montage keine Verletzungsgefahr für Ihren Hund durch nicht sauber verarbeitete Nägel entsteht.

Im Wechsel sollen die Hölzer gleichmäßig nebeneinander und schräg befestigt werden (siehe Grafik).

Stellen Sie sich nun in einem Abstand von wenigen Metern vor dem Brett in Grundstellung auf. Lassen Sie das Holz mit Ihrem Geruch vom Helfer mittig auslegen. Schicken Sie nun Ihren Hund zum Brett. Ein stürmischer Hund wird wahrscheinlich hektisch versuchen, sein Hölzchen zu finden. Wenn er es nicht schafft, will er unter Umständen das ganze Brett zu Ihnen bringen. Sollte dies der Fall sein, dann beschweren Sie das Brett an den Ecken mit Ziegelsteinen. Bei einem übereifrigen Hund ist es ratsam, die Distanz zum Brett sehr gering zu halten und außerdem das Brett vor einer Wand aufzubauen. Während der Suche können Sie Ihren Hund mit der Stimme beruhigen. Wenn Ihnen Ihr Hund das richtige Holz gebracht hat, sollten Sie ihn auf keinen Fall spielerisch bestätigen.

Bei dieser Methode besteht anfangs die Gefahr, dass Ihr Hund vermehrt eine Geschmacksprobe zeigt. Lassen Sie sich nicht davon beirren und geben Sie Ihrem Hund mehr Zeit.

Klappt die ruhige Suche immer besser, kann man langsam ein zweites Holz zwischen die parallel genagelten Reihen legen. Wird Ihr Hund immer sicherer, wechseln Sie von der oberen Reihe zur dritten Reihe. Achten Sie darauf, dass das richtige Holz nie außen platziert wird.

Die Bretthilfe schleicht man aus, indem die Hölzchen nach und nach vom Brett auf die Wiese wandern. Dazu ist es nicht notwendig, die Hölzer zu demontieren. Es reicht, wenn Sie einfach neutrale Hölzer auslegen. Zeigt Ihr Hund aber nur ansatzweise sein altes Verhaltensmuster, gehen Sie mit ihm sofort wieder zurück auf das Brett.

Die Hauptfehlerquelle bei allen Methoden liegt meist darin, dass der Hundeführer die jeweilige Methode nicht lange genug durcharbeitet. Viele Hundeführer glauben vermeintlich Ihrem Hund zu helfen, indem Sie ihn mit bestätigenden Worten über dem richtigen Holz zur Aufnahme animieren. In Wahrheit ist jedoch eine eigenständige Entscheidung des Hundes mehr wert, als ein Handeln nach einer Bestätigung des Hundeführers. Auch wenn es etwas länger dauern mag: Nehmen Sie Ihrem Hund seine kompetentere Arbeitsweise nicht ab! Denn er hat definitiv den besseren Geruchssinn.

Stehen Sie vor einem Wettkampf, gilt es immer, nach Wettkampfgegebenheiten zu trainieren. Das bedeutet, dass Sie nur neue Geruchshölzer verwenden und diese immer nur mit einem Kugelschreiber oder Bleistift markieren, nie mit einem Filzstift.

Kontrolle auf Distanz

Bevor Sie mit dieser Übung beginnen, sollten Sie feststellen, wie sich Ihr Hund im Alltag bewegt. Beobachten Sie Ihren Hund ganz genau, wie er von sich aus z. B. eine Sitzposition einnimmt: Setzt er sich bei dem Kommando *SITZ* nach hinten weg und stellt er dabei seine Vorderfüße nach hinten (= feste Hinterhand)? Oder zieht er sein Gesäß unter die Hinterhand (= feste Vorderhand)? Jeder Hund ist in seinem Bewegungsablauf unterschiedlich. Nutzen Sie für die Distanzkontrolle seinen natürlichen Bewegungsablauf.

Ich nenne die Übung ganz bewusst Kontrolle auf Distanz und nicht Distanzkontrolle, wie sie laut Prüfungsordnung bezeichnet wird. So wird klarer, dass es zuerst alleine um die Kontrolle des Bewegungsablaufs geht. Erst später wird die Distanz dazu genommen.

Training der Kontrolle auf Distanz

Erfahrungsgemäß arbeiten die meisten Hunde sehr aktiv mit der Vorderhand. Hundeführer von „Vorderhand-Hunden" sollten also darauf achten, dass die Vierbeiner nach Möglichkeit bei Positionswechseln mit der Hinterhand fest an einer Stelle bleiben. Andersherum sollten Hunde, die aktiv mit der Hinterhand arbeiten, möglichst statisch mit der Vorderhand stehen bleiben. Bei ganz nervösen Kandidaten versucht man in mehrwöchiger Beobachtung herauszufinden, wie geschmeidig der Hund in der Hüfte ist und ob man so erkennen kann, ob der Hund eine bevorzugte lockere Vorder- oder Hinterhand hat.

Vorder- oder Hinterhand festlegen

In der Regel kann man davon ausgehen, dass unsere Hunde die Kommandos *SITZ* und *PLATZ* und sicherlich später auch das Kommando *STEH* verstanden haben und die gewünschte Position zeigen können. Der nächste Schritt liegt nun darin, dass diese Kommandos geschmeidig und mit unbeweglichen Vorder- oder Hinterpfoten ausgeführt werden. Hier bietet sich das Gymnastizieren an.

Der Hundeführer steht frontal vor seinem Hund. Mit Hilfe eines Leckerlis direkt vor dessen Nase führt er den Vierbeiner in die gewünschte Position, z. B. in die Sitzposition. Dabei wird auf eine bombenfeste Hinter- bzw. Vorderhand geachtet. Parallel dazu erfolgt das Kommando *SITZ*. Danach wird der Hund auf die gleiche Weise in die Platzposition geführt.

Es gibt Hunde, die bei einem Leckerli vor der Nase völlig das Gehirn abschalten. Für diesen Typ Hund empfiehlt es sich, einen Stiel oder eine flache Holzlatte vor der Vorder- oder Hinterhand einzubauen (je nachdem, welche Hand fix sein soll). Sollte ein Hund trotz mehrmaliger Versuche Unbehagen zeigen, ist eine Kreidemarkierung oder eine weiße Linie an einem Parkplatz ein ebenso guter Helfer. Hilft das alles nichts, dann kann man zu einer stärkeren Hilfe greifen. Dafür stellen sich zwei Helfer mit einer gespannten Leine links und

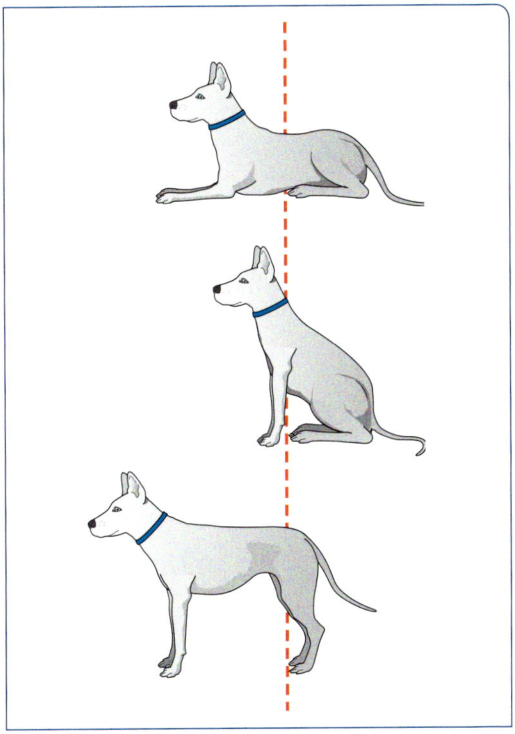

Hunde können auf verschiedene Weise ihre Position wechseln. Bei diesem Hund bleibt die Hinterhand immer an der gleichen Stelle. Man spricht hier von einer festen Hinterhand.

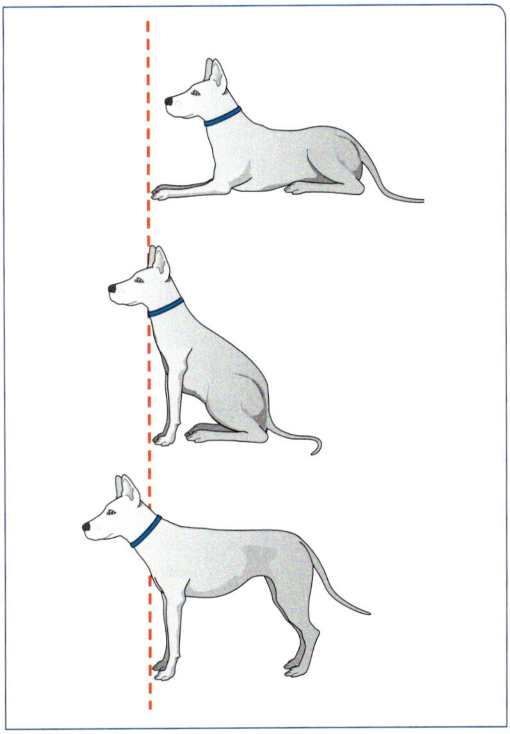

Dieser Hund bleibt mit den Vorderpfoten immer an der gleichen Stelle, der Rest des Körpers folgt nach. Er hat eine feste Vorderhand.

rechts vom Hund auf. Solange der Hund liegt, ist die Leine auf Höhe der Brust nur knapp über dem Boden gespannt. Nun gibt der Hundeführer aus einer geringen Distanz (circa 2 m) das Kommando zum Sitzen. Sobald sich der Hund in Bewegung setzt, wandert die Leine parallel zum Bewegungsablauf nach oben. Die gespannte Leine soll den Hund daran hindern, nach vorne zu treten. Der Abbau der Leine funktioniert so, dass erst der eine Helfer die Leine am Boden liegen lässt, später der zweite. Funktioniert der Bewegungsablauf des Hundes nun immer noch gut, werden die Enden der Hilfsleine von der Seite in Richtung Mitte eingelegt, bis vor dem Hund eine gebündelte Leine liegt. Zu guter Letzt wird die Leine dann komplett entfernt.

Distanz aufbauen

Erst, wenn der Hund den Bewegungsablauf gut verinnerlicht hat, bauen Sie nach und nach die Distanz zwischen Ihnen und Ihrem Hund auf. Damit keine Rückschläge auftreten, ist es wichtig, dass Sie nicht zu viele Wiederholungen in einer Trainingseinheit machen. Außerdem sollten Sie sich nur sehr langsam von Ihrem Hund entfernen. Bevor Sie sich den nächsten Schritt von Ihrem Hund entfernen, muss er sich in seiner Position sicher fühlen.

Um schon im Vorfeld zu vermeiden, dass der Hund eine Position nicht immer sauber ausführt, empfehle ich Ihnen, Ihren Hund nach wirklich jedem Positionswechsel mit einem Leckerli zu bestätigen. Auch wenn das

Bei der Kontrolle auf Distanz soll der Hund über eine gewisse Entfernung hinweg verschiedene Positionen zeigen, so wie hier z. B. Platz.

mit einem erhöhten Mehraufwand verbunden ist.

In einer Obedience-Prüfung wird jede Veränderung der Ausgangsposition gerechnet, unabhängig davon, ob die Bewegung nach vorne oder nach hinten ausgeführt wurde. Das bedeutet: wenn sich ein Hund 40 cm nach vorne und danach 30 cm korrigierend nach hinten bewegt, macht das insgesamt 70 cm aus. Wenn der Hund nur eine Gesamtlänge von 50 cm ohne Rute hat, kann der Richter die Übung mit null Punkten bewerten, weil sich der Prüfling mehr als eine Körperlänge bewegt hat. In einer Prüfung sollten Sie daher folgende Punkte beachten:

- Wenn Sie sich von Ihrem Hund nach dem ersten Platzkommando entfernen, dürfen Sie ein kurzes Wartekommando geben.
- Wenn Sie ein Sichtzeichen zusätzlich zum Hörzeichen verwenden, darf das Sichtzeichen nur kurz und nicht übertrieben gegeben werden. Das Sichtzeichen muss parallel mit dem Hörzeichen erfolgen.
- Nach derzeit gültigem Reglement darf man die Sichtzeichen auch mit zwei Armen geben.
- Ein guter Ringsteward wird zwischen den einzelnen Positionen etwa drei Sekunden warten. Wenn Sie merken, dass Ihr Hund die Position nicht sofort einnimmt, weil z. B. die Kommunikation nicht gepasst hat, dann legen Sie sofort ein weiteres Hör- und Sichtkommando nach. Das kostet Sie zwar Punkte, aber dieser Punkteabzug ist geringer, als wenn der Hund die Position nicht einnimmt.

Prüfungen

Wie in vielen Hundesportarten haben Sie auch im Obedience die Möglichkeit, an Wettkämpfen teilzunehmen. In einem Obedience-Wettbewerb wird das kooperative und kontrollierte Verhalten zwischen Hundeführer und Hund überprüft. Besonderes Augenmerk wird auf die bereitwillige Mitarbeit des Hundes, nicht nur in der Nähe des Hundeführers sondern auch auf Distanz, bewertet. Hundeführer und Hund müssen in ihrer Darbietung eine sehr gute Beziehung erkennen lassen.

Obedience-Prüfungen können über das gesamte Jahr durchgeführt werden. Das Sportjahr endet mit der VDH Deutschen Meisterschaft und beginnt bereits einen Tag nach dieser Veranstaltung.

Verschiedene Obedience-Wettbewerbe

Offene Obedience-Prüfungen: Hier darf jeder, der Mitglied eines durch den VDH (Verband für das Deutsche Hundewesen) anerkannten Verbands oder Vereins ist und die Teilnahmevoraussetzungen laut VDH Obedience-Prüfungsordnung erfüllt, teilnehmen. Die Größe, Rasse oder Abstammung des Hundes sind völlig egal.

Obedience Qualifikationswettbewerbe sind Verbandsmeisterschaften ohne Rücksicht auf die Größe oder Rasse. Die Hunde müssen die Zugangsvoraussetzungen des jeweiligen Verbandes und die VDH Teilnahmebedingungen erfüllen, um starten zu können. Es ist eine geschlossene Veranstaltung des jeweiligen Verbandes, z. B. des DVG (Deutscher Verband der Gebrauchshundesportvereine).

Um an der **Deutschen Meisterschaft des dhv** (Deutscher Hundesportverband) teilnehmen zu können, ist ein Bestehen der eigenen Verbandsmeisterschaft Voraussetzung, plus den jeweils vorgegebenen Eingangsvoraussetzungen, die jedes Jahr neu festgesetzt werden.

Die **VDH Deutsche Meisterschaft** ist derzeit die Prüfung, die nicht nur den VDH Deutschen Meister ermittelt, sondern auch gleichzeitig die Qualifikation für die Teilnahme an der FCI Europa- oder Weltmeisterschaft ist. Derzeit dürfen die sechs besten Teams der VDH Deutschen Meisterschaft, die gleichzeitig in einem FCI anerkannten Zuchtbuch eingetragen sind, an den internationalen Wettbewerben starten.

Diese drei Vierbeiner schauen gebannt ihren „Kollegen“ zu – bald sind sie auch wieder an der Reihe!

Prüfungsvorbereitung

Sie planen, an einer Obedience-Prüfung teilzunehmen? Dazu müssen Sie mehrere Voraussetzungen erfüllen:

- Der Eigentümer des Hundes und der Hundeführer müssen eine gültige Mitgliedschaft in einem VDH- oder FCI-Verein nachweisen.
- Zum ersten Start an einer Obedience-Prüfung müssen Sie einen Nachweis einer erfolgreich abgelegten Begleithundeprüfung mit Verhaltenstest, kurz BH/VT genannt, vorlegen.
- Für den Hund muss eine gültige Leistungsurkunde vom jeweiligen Verband vorgelegt werden.
- Der Hund muss mittels eines Chips oder einer Tätowierung identifizierbar sein.
- Der Hund muss geimpft sein und dies müssen Sie bei jedem Start mit dem Impfpass nachweisen.
- Der Hundehalter muss eine gültige Haftpflichtversicherung für den startenden Hund vorweisen können.

Voraussetzungen für ausländische Starterteams:

- Ausländische Starter, deren Hunde im ausländischen Eigentum stehen und auch im Ausland leben und in Deutschland eine Prüfung ablegen, brauchen bei Vorlage des ausländischen Leistungsnachweises keine VDH Begleithundeprüfung nachzuweisen.
- Nachweis der Mitgliedschaft des Eigentümers und Hundeführers zu einem bei der FCI angeschlossenen Verband.
- Nachweis der Startberechtigung in der gemeldeten Klasse.

Hunde, die eine ansteckende Krankheit oder Parasiten haben, sowie aggressive, blinde oder taube Hunde dürfen an Obedience-Wettkämpfen nicht teilnehmen.

Merke:
Hunde mit kupierten Ruten oder Ohren können vom Leistungsrichter akzeptiert werden.

Allgemeines zur Wettkampfordnung

Bei Obedience-Prüfungen kommen oft sehr viele Hunde und Menschen zusammen. Gewisse Regeln während der Veranstaltung sind daher für einen reibungslosen Ablauf unbedingt notwendig.

Verhalten der Teilnehmer

Mit Abgabe der Anmeldung besteht die Verpflichtung, das Startgeld zu bezahlen.

Jeder Hundeführer muss sich an die Anweisungen des Leistungsrichters halten. Alle Übungen werden dem Teilnehmer vom Ringsteward angesagt.

Jedes Team muss rechtzeitig im Ring anwesend sein.

Jeder Hundeführer muss seine Startnummer gut erkennbar tragen.

Während der Prüfung darf der Hundeführer kein Futter, keine Leckerlis oder Spielzeug bei sich tragen.

Der Hund muss stets an der linken Seite des Hundeführers arbeiten. Körperlich behinderte Hundeführer dürfen ihren Hund rechts bei Fuß führen. In diesem Falle gelten analog dieselben Bestimmungen wie bei einem links geführten Hund.

Ein Einlaufen oder Training für die Prüfung oder den Wettkampf ist ohne ausdrückliche Genehmigung des Richters nicht erlaubt.

Während der Prüfung dürfen Hundeführer und Hund keine Hilfe von außerhalb erhalten.

Der Hundeführer darf den Hund nicht liebkosen oder auf eine andere Weise ermutigen oder belohnen, bevor die Übung beendet ist.

Der Gebrauch von Korallen-, Stachelhalsbändern und anderen Zwangsmitteln ist nicht erlaubt.

Ein Hund, der beißt, oder versucht, zu beißen, muss vom Leistungsrichter von der weiteren Teilnahme ausgeschlossen werden. Ein

Dieser Golden Retriever ist schon mitten drin in der Prüfung.

betreffender Eintrag erfolgt in der Leistungsurkunde.

Die Hundeführer sind gehalten, ein sportlich-faires Betragen innerhalb und außerhalb des Wettkampfterrains zu praktizieren.

Der Eigentümer des Hundes haftet für alle Personen und Sachschäden, die durch seinen Hund verursacht werden.

Merke:
Keine Pflicht, aber trotzdem passend: Treten Sie als Teilnehmer in sportlicher Kleidung an.

Verhalten des Hundes

Ein Hund, der zu irgendeiner Zeit Menschen oder andere Hunde beißt, versucht zu beißen oder zu attackieren, wird vom Wettkampf disqualifiziert. Dies gilt auch nach Beendigung einer Veranstaltung. An einer Zwei-Tages-Veranstaltung gilt die Disqualifikation auch am zweiten Tag und der Hund darf nicht teilnehmen.

Falls der Hund den Wettkampfring verlässt und dadurch nicht mehr in der Hand des Hundeführers steht, wird disqualifiziert.

Wenn ein Hund sich auf dem Wettkampfgelände während oder zwischen den Übungen löst, wird disqualifiziert.

Hinweise zu Hör- und Sichtzeichen

Die verlangte Leistung ist vom Hund auf einmaliges Hör- bzw. Sichtzeichen exakt zu zeigen. Die bei den einzelnen Übungen angegebenen Hör- und Sichtzeichen sind unverbindlich. Andere Hörzeichen dürfen verwendet werden, wenn sie ebenfalls aus einem Wort bestehen. Das Geben eines Hörzeichens beim Tempowechsel ist erlaubt.

Grundsätzlich ist es dem Hundeführer beim Verlassen des Hundes gestattet, ein Bleib-Hörzeichen zu geben.

Ein gegebenes Sichtzeichen darf nur so lange gezeigt werden, wie das Hörzeichen gesprochen wird.

Merke:
Den Prüfungstag sollten Sie für Ihren Hund so angenehm wie möglich gestalten. Kennt und mag er eine Transportbox, sollten Sie ihm diese als Rückziehmöglichkeit aufstellen. Erlauben es die Temperaturen und der Hund liegt gerne im Auto, dann kann hier ein guter Platz für ihn sein. Ihrem Hund sollte jederzeit Wasser zur Verfügung stehen. Leckerlis für das Aufwärmen und nach dem Wettkampf nicht vergessen!

Wettkampf-Ablauf

Ganz profane, aber auch sehr ernsthafte Dinge beschäftigen die Wettkampf-Teilnehmer – alte Hasen vielleicht nicht so sehr wie Grünschnäbel.

Wohin mit der Leine?

In der Beginner-Klasse führt der Hundeführer den Hund laut Prüfungsordnung 2007 zum und im Ring an der Leine. Während der Übungen Freifolge, Box und Apportieren wird er ohne Leine geführt.

In der Klasse 1 darf der Hundeführer den Hund an der Leine führen, wenn er den Ring betritt. Er muss aber während der gesamten Darbietung die Leine außer Sicht des Hundes halten oder der Hundeführer legt die Leine am Tisch des Stewards ab. Der Hundeführer darf den Hund nach der Vorführung wieder anleinen, wenn er den Ring verlässt.

In den Klassen 2 und 3 muss der Hundeführer die Leine des Hundes außerhalb des Ringes lassen oder er legt sie auf den Tisch des Stewards.

Überprüfung

National unterschiedlich kann festgelegt werden, dass es dem Richter erlaubt ist, alle Hunde, bevor sie in den Ring gehen, anzufassen.

Reihenfolge

In welcher Reihenfolge die Übungen an dem jeweiligen Wettkampftag gezeigt werden sollen, kann der Richter entscheiden. Die Reihenfolge muss für alle Wettkampfteilnehmer der jeweiligen Klasse gleich sein.

Übungsbeginn und Übungsende

Alle Übungen beginnen, wenn der Steward den Hundeführer und den Hund an den jeweiligen Startpunkt geführt hat, der Hund in der Fußposition sitzt und der Steward die Übung mit den Worten: „Die Übung beginnt" oder „Start der Übung" angesagt hat. Prinzipiell gilt, dass der Hundeführer seinen Hund sehr zügig am Startpunkt aufstellen sollte. In der Klasse 1 kann die Toleranzgrenze geringfügig größer sein als in den Klassen 2 und 3. Hier muss der Hundeführer darauf eingestellt sein, dass die Übung sehr kurzfristig nach Einnahme des Startpunktes beginnt.

Alle Übungen sind beendet, wenn der Steward „Übung beendet" oder „Danke" sagt.

Stewardansagen

Bei allen Übungen – sofern es in der Prüfungsordnung in der Beschreibung der Einzelübungen nicht ausdrücklich angegeben ist – gibt der Steward dem Hundeführer die Erlaubnis, seinem Hund das Kommando zu geben. Dies gilt in allen Phasen und auch, wenn dies nicht ausdrücklich in allen Übungen so beschrieben wird.

Hund verlässt Hundeführer

Sollte der Hund den Hundeführer in der Klasse 1 in einer Obedience-Prüfung während bzw. zwischen den Übungen verlassen und außer Kontrolle sein, ist es erlaubt, dass der Hundeführer seinen Hund zwei Mal ruft. Befolgt der Hund den Rückruf, darf er weiterarbeiten, allerdings ist diese Übung nicht bestanden. Parallel dazu wird das Fehlverhalten des Hundes in der Übung „Gesamteindruck“ streng bewertet. Sollte die gleiche Handlung in Klasse 2 oder Klasse 3 von einem Hund gezeigt werden, wird dieser in der Regel sofort disqualifiziert. Allerdings liegt es im Ermessen des Richters, wie er vorgeht.

Bewertung der Übungen

Generell gilt, dass alle Abweichungen vom Ideal mit Punktabzug bestraft werden. Der Hund sollte rassetypisch auf alle Befehle willig reagieren und direkt den Anweisungen gehorchen.

Durchgängig werden Extrabefehle, Wiederholen eines Kommandos, Signale oder Körpersprache sowie unnatürliche Bewegungen der Gliedermaße (ausgenommen körperliche Handicaps) usw. bewertet. Versucht der Hundeführer seinen Hund zwischen den Übungen durch einen Griff ins Halsband zu kontrollieren, führt dies zu einer Verwarnung. Eine Bestrafung des Hundes durch den Hundeführer führt zur Disqualifikation.

Auf die Anfangs- und Endgrundstellung in jeder Übung wird besonders Wert gelegt. Hier kann ein Punktabzug zwischen zwei und zehn Punkten erfolgen. Zwei Punkte können bereits abgezogen werden, wenn der Hund zu Beginn einer Übung nicht ruhig neben seinem Hundeführer sitzt. Drei Punkte können abgezogen werden, wenn der Hund keine Endgrundstellung zeigt. Nimmt der Hund an seiner Startposition keine Grundstellung ein, gilt die Übung als nicht bestanden.

In den Apportierübungen wird bereits ein geringfügiges Berühren des Körpers durch den Hund mit Punktabzug geahndet. Prallt oder kollidiert der Hund mit seinem Hundeführer deutlich zusammen, muss das Team mit einem starken Punktabzug rechnen. Wirft der Hundeführer das Apportel an einen ungeschickten Platz (zu nah oder aus dem Ring), muss es nochmals geworfen werden. Dies führt allerdings zu einem Abzug von zwei Punkten.

Ein guter Start für die Prüfung: eine sauber ausgeführte Grundposition.

Wenn sich der Hund im Ring löst, fällt die Bewertung je nach Startklasse folgenderweise aus: Passiert dies in Klasse 1 während einer Übung, ist die Übung nicht bestanden (0 Punkte), die Übung „Gesamteindruck“ ist ebenfalls nicht bestanden (0 Punkte). Passiert das Malheur in Klasse 1 zwischen den Übungen, ist der Gesamteindruck nicht bestanden (0 Punkte). Löst sich der Hund in Klasse 2 während oder zwischen den Übungen, wird der Hund disqualifiziert.

Läufige Hündinnen

Heiße Hündinnen dürfen am Wettkampf als letztes Team des Tages starten. Die Besitzer der läufigen Hündin sind angehalten, diese abseits des Wettkampfgeländes zu halten.

Klassen

Im Obedience-Sport gibt es vier Leistungsklassen: Beginner-Klasse, Klasse 1, Klasse 2 und Klasse 3.

Beginner-Klasse

Der Hund wird in dieser „Anfängerklasse" angeleint in den Ring geführt. Erst auf Anweisung des Ringstewards darf der Vierbeiner bei einzelnen Übungen abgeleint werden.

Übung 1: Verhalten gegenüber anderen Hunden

- Erlaubte Anzahl der Kommandos, ohne einen Punktabzug zu erhalten: 1.
- Empfohlenes Kommando: *FUSS*.

Übungsablauf

Im Abstand von etwa 3 m stellen sich die Hundeführer mit ihren Hunden nebeneinander in einer Reihe in Grundstellung auf und bilden so eine Gruppe.

Auf Anweisung des Stewards tritt das erste Team (Kommando *FUSS)* aus der Gruppe ein bis zwei Schritte (maximal 1 m) gerade nach vorne heraus. Nach einem exakten Linkswinkel umkreist der Hundeführer die verbleibenden in der Reihe stehenden Hundeführer in diesem gleich bleibenden Abstand gegen den Uhrzeigersinn. Alle nicht aktiv arbeitenden Teams bleiben in der Grundstellung stehen. Ab dem zweiten Team gibt es eine Änderung im Ablauf der Übung: Die folgenden Teams müssen darauf achten, dass das erste Mensch-Hund-Gespann mit umkreist wird. Das heißt konkret, dass Sie an der Rückseite Ihres Ausgangspunktes angekommen nicht direkt hinein zur Gruppe gehen, sondern das erste Team umkreisen und dann von vorne in die Gruppe einfädeln.

Um in dieser Übung einen perfekten Abschluss zu zeigen, sollte das Team beim Wiedereintreten in die Gruppe nicht direkt auf der ursprünglichen Ausgangsstelle die Kehrtwendung zur Grundstellung zeigen, sondern ruhig noch ein bis zwei Schritte nach hinten aus der Gruppe wieder austreten. Danach wird der Hund mit einer schönen Kehrtwendung flüssiggehend und gerade in die Grundstellung gebracht.

Das letzte (äußerste) Team in dieser Gruppe hat nun keinen, den es umrunden kann. Dennoch tritt das Team etwa 1 m aus der Gruppe heraus um dann ebenfalls wie die vorangegangenen Team einen sauber gelaufenen Linkswinkel zu zeigen Hier sollte der maximale Abstand zur Reihe den bekannten Meter nicht überschreiten. Auch hier ist es ratsam, nach dem Ankommen beim Ausgangspunkt noch zwei kleine Schritte aus der Gruppe nach hinten auszutreten und sich dann in einer fließenden Bewegung zurück in der Grundstellung aufzustellen.

Wenn alle Teams die Gruppe einmal umrundet haben und somit wieder an ihrem Ausgangsplatz stehen, wird der Steward mit der Ansage „Übung beendet" die Übung abschließen.

Ziel dieser Übung ist, dass der Hund freudig mit dem Hundeführer bei Fuß läuft und sich freundlich oder auch gleichgültig gegenüber anderen Hunden verhält. Das Verhalten des Hundes sollte beim Umrunden der Gruppe sowie während seines Aufenthalts in der Gruppe keinerlei negative Auffälligkeiten zeigen.

Für manche Hunde sicherlich die schwerste Aufgabe: die Gruppen-Übungen.

Bewertung

Der Obedience-Leistungsrichter (OB-LR) wird nach folgenden Kriterien bewerten:

- Die Fußarbeit sollte harmonisch sein.
- Der Hund sollte sich in der Gruppe nicht verhaltensauffällig zeigen.
- Das Verhalten des Hundes sollte beim Umrunden der Gruppe freundlich oder neutral sein.

Die Übung ist mit 0 Punkten zu bewerten, wenn der Hund starke Verhaltensauffälligkeiten zeigt.

Trainings- und Wettkampftipps

Um Probleme wie Nachhängen, am Boden schnuppern, leichte Ablenkbarkeit usw. zu vermeiden ist es empfehlenswert, vor der Einführung dieser Übung den ständigen Blickkontakt und danach die Grundstellung zu trainieren (siehe Kapitel „Lerntechniken/Blickkontakt", S. 22, und „Die Grundstellung", S. 28).

Der nächste Schritt ist, dass sich der Hund trotz eventueller Ablenkung der anderen Hunde und auch der Zuschauer weitestgehend auf seinen Hundeführer konzentriert. Je nach Alter des Hundes kann man diesen Anspruch mehr oder weniger geltend machen, deshalb die Einschränkung „weitestgehend". Um dies zu erreichen, trainieren wir nicht nach „Schema F", sondern fordern unsere Hunde in jedem Training neu heraus.

Dazu gibt es verschiedene Trainingsmöglichkeiten:

- Beide außenstehenden Teams der Reihe laufen zeitgleich um die Gruppe. Achtung bei den Schnittpunkten: Kollisionen vermeiden!
- Das aktive Team geht statt um die Gruppe herum im Slalom durch die anderen Gruppenmitglieder hindurch.

- Während ein Team aktiv die Übung ausführt, legt sich der Nachbarhund hin.
- Reihenfolge des Durchgangs ändern: Wichtig ist, dass der Hund vor lauter Spannung gar nicht auf den Gedanken kommt, weg zu schauen.

Training mit einem verhaltensauffälligen Hund

Diese Übung mit einem verhaltensauffälligen Hund zu trainieren ist schwierig, aber nicht unlösbar. In diesem Fall empfiehlt es sich, sehr einfühlsam, aber dennoch konsequent das Training aufzubauen. Mit viel positiver Bestätigung für jedes noch so kleine gewünschte Verhalten kommen Sie mit Sicherheit zum Ziel.

Es ist darauf zu achten, dass der Stresspegel des Hundes in einem vertretbaren Rahmen bleibt – ganz vermeiden wird man ihn wohl nicht können. Schon im Vorfeld sollte daher bewusst auf die Auswahl der anderen Trainingspartner geachtet werden. Es sollten Teams sein, die in der Vergangenheit überhaupt kein auffälliges Verhalten gezeigt haben und die markante Hunde sehr gut ignorieren können.

Am Anfang sollten nicht mehr als vier Mensch-Hund-Gespanne in einer Reihe stehen, damit die Wartezeit für das betreffende Team nicht zu lange wird. Andererseits sollten auch nicht weniger Teams miteinander an der Übung arbeiten, da sonst der Hund keine Chance hat, sich an die Situation zu gewöhnen.

Eine weitere Hilfe für den auffälligen Hund ist es, wenn er schonend in die Gruppe eingearbeitet wird. Das heißt, er wird erst am äußeren Rand der Reihe sitzen, damit er jederzeit die Möglichkeit hat, aus der Übung auszusteigen. Zudem fühlt er sich so nicht von beiden Seiten bedrängt.

Wenn das erste Mitglied der Arbeitsgruppe die Übung beginnt, sollte es nicht gleich die Reihe umkreisen, sondern zunächst nur in einem größeren Abstand von circa 2 m vorne vorbei gehen. Der Hundeführer des ausführenden Teams sollte dabei nicht den verhaltensauffälligen Hund anstarren oder sonst in irgendeiner Form herausfordern. Ebenso ist der Hundeführer des markanten Hundes gefordert, die ganze Aufmerksamkeit seines Hundes auf sich zu ziehen. Das kann mit Spielzeug oder einem Leckerli sein. Doch Achtung beim Sprechen mit dem Hund: Es sollte bestätigend und beruhigend sein. Wichtig ist, dass Sie ihm Sicherheit signalisieren. Das vorbeigehende Mensch-Hund-Team wird nach dem Passieren des betreffenden Teams keine Kehrtwendung machen, sondern im Uhrzeigersinn einen großen Kreis zurück zum Ausgangspunkt gehen. Wenn das gut geklappt hat, bekommt der markante Hund erst einmal eine von Herzen kommende Bestätigung. Die helfenden Teams sollten ihre Hunde im Hintergrund sehr ruhig bestätigen.

Nach einigen Wiederholungen sollte fürs Erste dieser Trainingsschritt an diesem Tag reichen. Der markante Hund verlässt in dieser Trainingseinheit seinen Platz nicht.

Bei den nächsten Trainingseinheiten wird die Übung genauso wie oben beschrieben durchgeführt, doch diesmal wird auch der markante Hund an der Gruppe vorbeigeführt. Damit kein Blickkontakt und somit kein erhöhter Reiz entsteht, geht dieses Team an der Rückseite der Reihe vorbei. Der Hundeführer sollte dabei versuchen, mit dem Hund im ständigen Blickkontakt zu bleiben und schon nach wenigen Metern für sein tolles Verhalten bestätigen. Auch dieses Team macht an dieser Stelle noch keine Kehrtwendung, sondern geht im Uhrzeigersinn zurück zu seinem Ausgangspunkt. Wenn es allen Beteiligten bei dieser Übungseinheit gut geht, darf sie gerne wiederholt werden. Das betreffende Team sollte nach der Wiederholung ausgiebig miteinander tollen bzw. wenn der Hund lieber frisst, dann erhält er einen Jackpot.

Das weitere Training könnte dann folgendermaßen aussehen: Der Hund wird vom ersten Team im weiten Bogen umkreist. Jeder Hundeführer hat darauf zu achten, dass ein sehr guter Blickkontakt zwischen ihm und Hund besteht. Besonders beim Vorbeigehen am äußeren Hund ist dies wichtig. Funktioniert das gut, darf selbstverständlich gelobt werden und die Übung kann noch einmal wiederholt werden.

Im nächsten Schritt tauscht der Hund seinen Platz mit Team Nr. 3. Wieder langsam beginnend, erst nur vorne vorbei gehend, dann im weiten Bogen umkreisend. Wichtig ist, dass sich dabei auch das jetzige Team Nr. 4 am aktiven Training beteiligt. Wenn das gut klappt, wird der hoffentlich zu diesem Zeitpunkt nicht mehr markante Hund auch seine Reihe abgehen können.

Ist der Hund sicherer, dann sollten die noch zwei fehlenden Teams vorsichtig eingearbeitet werden, auch der Abstand zu den Teams kann nun langsam verringert werden.

Wenn der Hund genügend Sicherheit zeigt, wird das komplette Umkreisen der Reihe gegen den Uhrzeigersinn geübt. Mit wachsender Sicherheit des Hundes sollte der Trainer das Augenmerk darauf legen, dass der betreffende Hund immer wieder andere Sitzpartner neben sich hat.

Um einen Rückfall zu vermeiden, darf der Vierbeiner in den einzelnen Trainingsstufen nicht überfordert werden.

Übung 2: Stehen und Betasten

- Erlaubte Anzahl der Kommandos, ohne einen Punktabzug zu erhalten: 4.
- Empfohlene Kommandos: *FUSS, STEH, SITZ, FUSS.*

Übungsablauf

Die Hundeführergruppe stellt sich nach Anweisung des Stewards in einem Abstand von circa 3 m nebeneinander in der Grundstellung auf. Der Steward, der üblicherweise frontal zur Gruppe steht, wird aus seiner Sicht von links beginnend jedes Team nacheinander auffordern aus der Gruppe hervorzutreten. Es bleibt dem Hundeführer überlassen, ob er seinen Hund bei dieser Übung angeleint oder frei führen möchte. Seine Entscheidung muss der Hundeführer vor Beginn der Übung getroffen und dem Steward mitgeteilt haben. Die Übung ohne Leine wird jedoch nur sehr selten gezeigt, denn ein „Beginner-Hund" darf ruhig jede erlaubte Unterstützung nutzen.

Mit dem Kommando *FUSS* verlässt das erste Mensch-Hund-Team die Gruppe und positioniert sich in Grundstellung an der vom Steward angewiesenen Stelle. Der nun einzeln stehende Hundeführer wird nach Aufforderung des Stewards seinen Hund aus der Grundstellung mit Hilfe eines Hörzeichens, z. B. *STEH,* in die Stehposition bringen. Kurz darauf wird der Hundeführer die weitere Anweisung erhalten, seinen Hund zu verlassen und sich schräg vor diesen zu stellen. Dabei ist zu berücksichtigen, dass die Leine locker durchhängt. Nun sollte sich der Hund ruhig stehend vom Steward von allen Seiten betasten lassen, ohne sich unruhig zu winden oder der Berührung auszuweichen. Es versteht sich von selbst, dass der Steward beim Abtasten nicht angeknurrt, geschnappt oder gebissen werden darf.

Merke:
Bei einer geringen Fortbewegung gibt es noch keinen Punkteabzug. Der Hundeführer darf während der Übung mit seinem Hund beruhigend sprechen, allerdings dürfen diese Sätze keine Kommandos beinhalten. Das heißt, es dürfen auch keine versteckten Kommandos im Satz sein, wie z. B. „Bleib schön stehen".

Ist die Betastung durch den Steward beendet, wird der Hundeführer aufgefordert, sich zurück zu seinem Hund zu stellen. Der Hund sollte dabei immer noch die Stehposition einhalten. Erst nachdem der Steward das Kommando für die Grundstellung gibt, soll sich der Hund nach einem Kommando *FUSS* gerade sitzend neben seinen Hundeführer positionieren. Kurz darauf wird der Hundeführer aufgefordert, mit seinem Hund zurück zur Gruppe zu gehen. Damit das Eintreten in die Gruppe flüssig abläuft, wird nicht am eigentlichen Punkt gehalten, sondern der Hundeführer läuft ungefähr drei Schritte über die Haltelinie hinaus, zeigt eine schöne Kehrwendung und positioniert sich dann am Ausgangspunkt.

Bewertung

Der OB-LR wird nach folgenden Kriterien bewerten:
- Die Fußarbeit (harmonisch als Team).
- Die korrekte Ausführung der Positionen.
- Das Verhalten des Hundes beim Betasten.
- Die benötigten Führerhilfen.

Punktabzüge gibt es bei:
- Dauersichtzeichen: 2.
- Führerhilfe zum *STEH:* bis zu 4.

Die Übung ist mit 0 Punkten zu bewerten, wenn der Hund starke Verhaltensauffälligkeiten zeigt.

Trainingsaufbau „Stehen“

Die Schwierigkeit dieser Übung ist, dass der Hund auf das Kommando *STEH* ins Stehen kommt. Hierfür machen wir uns die Eigenschaft der Natur zunutze, dass Hunde ausweichen, wenn man direkt und entschlossen auf sie zugeht.

1. Variante:
Setzen Sie Ihren unangeleinten Hund neben sich ab und stellen Sie sich ihm ein bis zwei Schrittlängen gegenüber auf. Strecken Sie Ihren Unterarm mit der Handinnenseite zum Hund und gehen Sie nun mit dem ganzen Körper schwungvoll einen Schritt auf Ihren Hund zu. Sobald Ihr Hund aufspringt und stehen bleibt, gibt es einen Click und ein Leckerli.

Wenn diese Übungseinheit gut klappt, bauen Sie langsam die Hilfen wieder ab,

Zappeln verboten: Dieser Vierbeiner bleibt beim Betasten so ruhig stehen, wie es sein soll.

zunächst den Schritt. Schleichen Sie sich langsam aus, indem Sie die Schrittlänge verkürzen. Ihr ursprünglicher Abstand bleibt jedoch der gleiche. Falls Sie merken, dass der Hund die Übung langsamer ausführt als mit stärkerer Hilfe, dann gehen Sie bitte bis zu diesem Punkt zurück. Wichtig ist, dass Sie dem Hund Sicherheit geben. Seien Sie einfühlsam und geben Sie ihm die Zeit, die er braucht. Wenn der Hund den Schritt nicht mehr als Hilfe benötigt, beginnen Sie damit, langsam das Handzeichen abzubauen.

Versuchen Sie zuerst, die Handbewegung etwas verspätet zum Hörkommando zu zeigen. Sagen Sie *STEH* und nachdem Sie noch nicht ganz das Wort *STEH* ausgesprochen haben, folgt die schiebende Handbewegung. Freuen Sie sich, wenn Ihr Hund schon bei den ersten ausgesprochenen Buchstaben ins *STEH* kommt. In diesem Fall ist es besser, er kommt zu früh hoch, als zu spät.

Wenn der Hund nun das Geübte gut umsetzen kann, müsste die Übung folgendermaßen aussehen: Der Hund steht in Grundstellung neben seinem Hundeführer. Dieser verlässt den Hund, stellt sich frontal zum Hund auf und gibt nun das Kommando *STEH*. Der Hund stellt sich ohne weitere Hilfen hin und wartet geduldig auf das Leckerli von seinem Hundeführer. Der Hundeführer geht zurück zum Hund, bestätigt ihn nahe am Maul, damit der Hund nicht nach vorne tritt. Gut wäre es, wenn Sie nach dem Bestätigen Schritt für Schritt an die Seite des Hundes gelangen könnten. Wenn Sie an Ihrem Ziel sind, lassen Sie den Hund nicht die Sitzposition einnehmen, sondern lösen Sie die Übung gleich auf. Es folgt ein Spiel zur Bestätigung.

Bei den nächsten Übungseinheiten versuchen Sie, sich dem Hund immer mehr anzunähern. Sollte er sich doch noch unsicher sein, dann helfen Sie ihm kurzzeitig, indem Sie sich relativ nahe am Hund seitlich aufstellen und ihn mit Hilfe des Sichtzeichens an das Gelernte erinnern.

2. Variante:
Diese Variante bevorzuge ich bei Hunden, die zu einer festen Hinterhand neigen (siehe Kapitel „Kontrolle auf Distanz“, S. 60).

Stellen Sie sich mit Ihrem Hund in Grundstellung auf. In der linken Hand halten Sie die Leine, rechts das Futter. Hiermit locken Sie Ihren Hund mit einer ziehenden Bewegung vom Maul aus nach vorne, damit er aufsteht. Wichtig dabei ist, dass der Hund seine Hinterläufe fest an der Stelle lässt.

Parallel verwenden Sie das stimmlich gesprochene, einladende Kommando (siehe Kapitel „Stimm-Modulation“, S. 23) zum Stehen. Sobald Ihr Hund die ersten Anzeichen zum Aufstehen zeigt, loben Sie ihn.

Von Übungseinheit zu Übungseinheit verkürzen Sie Ihre Armbewegung und vergrößern die Zeit zwischen dem Geben des Hörzeichens zum Sichtzeichen. Also erst kommt das Hörzeichen und, wenn nötig, wird es mit dem Sichtzeichen und einem Leckerli unterstützt.

Problem: Der Hund reagiert nicht sofort

Achten Sie auf die Intensität Ihres Zugehens: Gegebenenfalls müssen Sie das Tempo anpassen. Wenn der Hund dazu neigt, sehr schnell aufzuhüpfen, dann sollten Sie langsamer auf ihn zugehen. Steht der Hund nur zögerlich auf, wirken Sie mit ermunternder Stimme auf ihn ein. Loben Sie ihn schon beim kleinsten Ansatz für ein Aufstehen. Steht der Hund immer sehr langsam auf, dann sollten Sie mit mehr Motivation arbeiten.

Wenn der Hund nach dem Aufstehen nach vorne tippelt, achten Sie beim Bestätigen darauf, dass Sie ihm das Leckerli nicht zu weit weg vom Maul entfernt anbieten.

Trainings- und Wettkampftipps „Betasten"

Ziel ist es, auf jeden Fall dem Hund eine positive Verknüpfung mit dem Steward zu vermitteln.

Ihre Ausgangsposition ist die vorangegangene Stehübung. Der Hund steht alleine und sicher. Stellen Sie sich nun seitlich von ihm weg. Die Leine hängt dabei locker durch. Nun kommt die Hilfsperson zum Einsatz, die den Ringsteward darstellen soll. Sie sollte besonders einfühlsam und beruhigend auf den Hund zugehen und ihn nicht schon mit Blicken zum Weichen bringen. Diese Person nimmt besonders gut schmeckende Leckerlis in die Hand und nähert sich nun dem Hund. Ruhiges Stehen wird von ihr mit Leckerlis belohnt. Die Hand wird dem Hund ruhig direkt vor die Schnauze gehalten und zwar so, dass der Hund keine Ausweichmöglichkeit nach vorne hat.

Währenddessen darf der Hundeführer beruhigend auf den Hund einreden. Es sollten bereits hier im Training keine Kommandos erfolgen. Ihre Aufgabe ist es, dem Hund Sicherheit zu signalisieren.

An welcher Stelle man den Hund zuerst streicheln sollte, ist schwierig zu sagen. Ein gut geschulter Steward wird dem Hund seine Hand vor der ersten Berührung zum Beschnuppern anbieten und sich dann streichelnd über die Seite arbeiten. Zu Beginn des Trainings sind die Streicheleinheiten noch sehr kurz und zart, später werden sie auf Rücken und Seiten erweitert.

In der Prüfung ist der Steward angehalten, den Hund nicht starr anzugucken und ihn dadurch in Bedrängnis zu bringen. Dies sollte ebenfalls für alle Hilfspersonen gelten.

Wenn der Steward den Hund betastet hat, geht er danach meistens noch eine Runde um den Hund in einem Abstand von maximal 1 m herum. Auch dann sollte der Hund immer noch fest stehenbleiben. Danach kehren Sie wieder zu Ihrem Hund in die Grundstellung zurück und loben ihn.

Problem: Der Hund wirkt ängstlich und weicht zurück

Achten Sie bei der nächsten Kontaktaufnahme darauf, dass sich die Hilfsperson zunächst im Sichtbereich des Hundes, also vorne am Kopf, aufstellt. Mit guten Leckerlis und lobender Stimme bestätigen Sie das gewünschte ruhige Verhalten des Hundes.

Achten Sie auf die Kleidung und Statur der Hilfsperson. Ein wild flatterndes Hemd und eine im Verhältnis zum Hund riesenhafte Person mit dominanter Ausstrahlung erschweren das Training erheblich.

Solange der Hund keine Beschwichtigungssignale zeigt, ist ein kleiner Ungehorsam erlaubt. Der Hund muss nicht in jedem Training starr stehen und die Berührung über sich ergehen lassen. Wenn er sich im Training traut zur Hilfsperson zu gehen, können Sie dies zulassen und ihn sogar ermuntern. Er soll spüren, dass ihm nichts passiert. Jede kleine Annäherung zählt.

Übung 3: Gebiss zeigen

- Erlaubte Anzahl der Kommandos, ohne einen Punktabzug zu erhalten: 2.
- Empfohlenes Kommando: *FUSS*.

Übungsablauf

Der Hundeführer tritt nach Aufforderung des Stewards mit seinem Hund aus der Gruppe nach vorne heraus und stellt sich in Grundstellung auf den ihm zugewiesenen Platz. Dieser sollte bevorzugt circa 1 m vom Richter entfernt sein. Nach Anweisung des Stewards zeigt der Hundeführer durch Anheben der Lefzen des Hundes das Gebiss. Es sollte darauf geachtet werden, dass der Hund während der Präsentation das Gebiss geschlossen hält und alle Seiten für den Richter gut sichtbar sind. Zuerst wird das Gebiss mit den jeweiligen Seiten gezeigt, danach die Schneidezähne. Dabei sollte der Hund ruhig sitzen. Auf Anweisung kehrt das Team in die Gruppe zurück und nimmt wieder die Grundstellung ein. Die Übung ist beendet.

Laut Prüfungsordnung ist es erlaubt, nach Absprache mit dem Richter die Übung 2 und die Übung 3 in Kombination zu zeigen. Der Steward wird vor Beginn der Übung 2 mitteilen, wie die Übungen von der kompletten Gruppe gezeigt werden sollen. Wenn man sich für die Kombination entscheidet, dann wird zuerst das Stehen und Betasten und danach das Gebisszeigen ausgeführt.

Bewertung

Der OB-LR wird nach folgenden Kriterien bewerten:

- Die Fußarbeit (harmonisch als Team).
- Die korrekte Ausführung der Positionen.
- Das Verhalten des Hundes beim Gebiss zeigen.
- Die benötigten Führerhilfen.

Punktabzüge gibt es bei:

- Starker Unruhe: 2.

Die Übung ist mit 0 Punkten zu bewerten, wenn der Hund starke Verhaltensauffälligkeiten zeigt.

Trainings- und Wettkampftipps

Der Trainingsaufbau ist der Gruppenübung „Stehen und Betasten“ sehr ähnlich. Die Grundstellung sollte wie für alle anderen Übungen in Obedience gut trainiert sein.

Die Basis für die Übungen 2 und 3 kann man bestens bereits im Welpenalter legen. Fassen Sie den jungen Hund immer mal wieder an allen Körperstellen an, auch am Gebiss.

Mit welcher Seite des Gebisses Sie in der Präsentation beginnen, hängt davon ab, in welche Richtung der Hund gerade schaut. Sieht er von Hundeführerseite aus gesehen

Die Zähne des Vierbeiners werden von der Seite und von vorne begutachtet. Dabei soll das Maul geschlossen bleiben, nur die Lefzen werden vorsichtig hochgezogen.

nach links, beginnen Sie mit der linken Zahnreihe. Hat der Richter diese Zahnreihe gesehen, drehen Sie den Kopf des Hundes sachte, sodass der Leistungsrichter nun die rechte Gebissreihe begutachten kann.

Um die vorderen oberen Zähne zu präsentieren, fassen Sie mit einer Hand (Daumen und Mittelfinger) über den Nasenrücken und legen die andere Hand unter das Kinn des Hundes. Nun heben Sie leicht auf Höhe der Fangzähne die Lefzen an. Für die Präsentation der unteren Zahnreihe fassen Sie mit einem Daumen von vorne an die Lefzen und schieben diese sachte nach unten.

Problem: Der Hund öffnet das Maul

Wenn ein Hund dazu neigt, beim Zeigen das Gebiss zu öffnen, kann man ihm folgendermaßen beim Schließen helfen: Begrenzen Sie von unten mit der rechten Hand den Bewegungsspielraum des Unterkiefers. Die linke Hand fasst von oben auf das Maul zu. Parallel schieben Sie mit den Fingern vorsichtig die Lefzen zur Seite.

Problem: Der Hund ist unruhig

Zeigt der Hund während der Präsentation des Gebisses Unruhe, hängt das oft damit zusammen, dass der Hund unsicher ist. Oft wird die Unsicherheit durch versehentliches Abdecken der Augen mit den Händen hervorgerufen oder durch hastiges Vorgehen. Bewahren Sie Ruhe bei der Gebisspräsentation! Geben Sie dem Hund kurz Zeit, Ihre Hand zu beschnuppern. Achten Sie darauf, dass Sie beim Hochziehen der Lefzen nicht versehentlich den Hund am Zahnfleisch kratzen. Beim Zeigen der vorderen Zahnreihen ist es wichtig, dass Ihre Hand den Nasenschwamm des Hundes nicht nach oben schiebt.

Eine andere Möglichkeit, Ruhe in diese Übung zu bringen, ist das vorherige Ankündigen beim Hund. Beispielsweise sagt man dem Hund „Zähne zeigen" und fasst dann an das Maul, um es durchzuführen.

Übung 4: Ablegen in der Gruppe

- Erlaubte Anzahl der Kommandos, ohne einen Punktabzug zu erhalten: 3.
- Empfohlene Kommandos: *PLATZ, BLEIB, SITZ.*

Übungsablauf

Diese Übung wird im direkten Anschluss an die Übung „Gebiss zeigen" ausgeführt. Das heißt für Sie, dass Sie bereits in der Gruppe mit Ihrem angeleinten Hund in Grundstellung stehen.

Auf Aufforderung werden alle Hunde abgeleint und der Steward weist die Hundeführer nacheinander von links nach rechts dazu an, ihren Hund in die Platzposition zu bringen. Wenn alle Hunde die geforderte Position eingenommen haben, wird der Steward die Hundeführer anweisen, ihre Hunde auf eine Entfernung von 20 m zu verlassen. Bevor Sie Ihren Hund verlassen, ist ein letztes Kommando wie z. B. *BLEIB* erlaubt.

In der Beginner-Klasse bleiben die Hundeführer bei dieser Übung in Sichtweite der Hunde.

Idealerweise begleitet der Steward die Hundeführer zu der gedachten Linie, auf der sich die Hundeführer frontal zu ihrem Hund aufstellen sollen. Die Zeitnahme von 2 min beginnt ab der vollständigen Positionseinnahme aller Hundeführer.

Nach Ablauf der Zeit werden die Hundeführer aufgefordert, zu ihren Hunden zurückzukehren. Sind sie dort angekommen, stellen sie sich neben ihrem Hund auf. Der Hund bleibt vorerst noch im Platz liegen. Warten Sie die Anweisung des Stewards ab, die Hunde in die Grundstellung zu bringen. Dies erfolgt von rechts nach links. Nun geben Sie Ihr Kommando *SITZ*. Sind alle Teams wieder in Grundstellung, erklärt der Steward die Übung als beendet.

Bewertung

Der OB-LR wird nach folgenden Kriterien bewerten:
- Anzahl der Zusatzkommandos.
- Die korrekte Ausführung der Positionen.
- Ob der Hund bereits arbeitet, bevor eine Anweisung erfolgt ist.
- Führerhilfen.

Punktabzüge gibt es bei:
- Je Kippen mit dem Schenkel: 0,5.
- Je Zusatzkommando: 1.
- Hund kriecht (bis zu einer halben Körperlänge): maximal 2,5.
- Hund kriecht (bis zu einer Körperlänge): maximal 5.
- Schräge Endgrundstellung: maximal 2.
- Teilbewertung: 5.

Info:
Eine Teilbewertung kann gegeben werden, wenn der Hund seine Position erst verändert, während sich der Hundeführer in der Rückkehrphase befindet.

Die Übung ist mit 0 Punkten zu bewerten:
- Bei Positionswechseln.
- Wenn der Hund mehr als eine Körperlänge kriecht.

Trainings- und Wettkampftipps

Diese Übung wird von vielen Hundesportlern unterschätzt. Da sie jedoch einen Obedience-Sportler in allen Klassen begleitet, lohnt es sich, hier besonders gründlich zu arbeiten.

In den anfänglichen Trainingseinheiten geht es nicht um die zeitliche Dauer der Ausführung, sondern darum, dass der Hund die Gewissheit erlangt, dass wir wieder zurückkommen. Daher muss der Hund anfangs nie die volle Zeit abliegen. Die Dauer wird langsam gesteigert. Im Training wird auch immer wieder mal zur Basis zurückgegangen. Wenn das gut klappt, dann sollte der Hund manchmal länger liegen bleiben, als in der PO gefordert.

Es ist wichtig, dass Sie Ihrem Hund ein Wohlgefühl vermitteln. Denn nur solche Hunde werden ihren Platz einhalten.

Problem: Der Hund kriecht, setzt oder stellt sich auf

Ein möglicher Grund für ein Fortbewegen von seinem Platz könnte sein, dass Ihrem Hund der Ablagenachbar nicht besonders sympathisch ist und er deshalb Stress empfindet. Was liegt für ihn näher, als sich seinem Beschützer, also Ihnen, anzuschließen? Nehmen Sie es gelassen und üben Sie mit positiver Bestätigung.

Um das Wohlgefühl trainieren zu können, muss man zuerst wissen, was beim Hund Unbehagen auslöst. Ist es der Nachbarhund in der Gruppe, die Zuschauer, die Lautstärke, vielleicht die angrenzende Straße? Zum anfänglichen Training empfiehlt es sich, mit dem Reizauslöser zu beginnen, der am wenigsten Stress auslöst.

Dieser Retriever ist zwar nicht hundertprozentig bei der Sache, aber solange er nicht zur Seite kippt oder sich mehr als eine Körperlänge nach vorne oder hinten bewegt, ist es in Ordnung.

Problem: Der Hund reagiert auf das Kommando des Nachbarn

Das Kommando sollte vom Hundeführer nach Möglichkeit immer in der gleichen Tonlage und mit dem gleichen Wort erfolgen.

Das Training erfolgt in der Gruppe. Variieren Sie: Einmal gibt nur jeder zweite Hundeführer sein Kommando, dann der linke und der rechte parallel oder nacheinander usw.

Eine andere Variante ist: Ein Helfer geht von hinten an Ihnen vorbei und gibt in verschiedenen Lautstärken ein Kommando, z. B. *PLATZ*. Auch da sollten Sie wie unten beschrieben belohnen.

Für beide Varianten gilt: Bestätigen Sie Ihren Hund immer dafür, dass er nicht das Kommando des Nachbarn annimmt. Bestätigen Sie ihn auch, wenn er die von Ihnen geforderte Position einnimmt. Zudem sollten Sie Ihrem vierbeinigen Freund mit Blickkontakt signalisieren, dass er seine Aufgabe gut macht. Die Übungen sollten anfangs in kurzen Sequenzen erarbeitet werden.

Problem: Der Hund kippt in die Seitenlage

Als erstes sollte festgestellt werden, zu welchem Zeitpunkt der Hund kippt. Man unterscheidet drei Kippzeitpunkte: Sofort nach Einnehmen der Platzposition, unmittelbar nach dem Verlassen des Hundeführers und nach einigen Minuten.

Bei Hunden, die sofort nach Einnehmen der Platzposition auf die Seite kippen, sollte man noch einmal an der Basis arbeiten. Wurde diese erneut gefestigt, drehen Sie sich langsam Schritt für Schritt zurück zur Grundstellung. Üblicherweise hat der Hund nun das Kommando *PLATZ* richtig verknüpft, das heißt, der Hund geht immer auf das Kommando *PLATZ* gerade nach unten und liegt dann in der sogenannten Sphinx-Haltung. Zeigt der Hund dennoch Vorlieben, in eine bestimmte Richtung zu kippen, bleiben Sie in der Grundstellung stehen und halten das Leckerli circa 10 cm vor das Maul des Hundes, damit er sich ein wenig im Platz liegend nach vorne strecken muss. Sobald der Hund wieder in die gewünschte Position liegt, bekommt er ein Click und sein Leckerli. Der Hund sollte begreifen, dass er nur gerade liegend bestätigt wird. Wiederholen Sie diese Übung mehrmals. Sollte der Hund ohne Ihre Hilfe bereits in der gewünschten Position liegen, dann passen Sie gut beim Bestätigen auf: Es sollte nie das Leckerli von der Seite gegeben werden, immer nur von vorne, damit Sie ihn nicht doch noch dazu verleiten, sein Hinterteil zu kippen. Arbeiten Sie sich langsam wieder zur gerade stehenden Position hoch. Auch wenn dieses Training längere Zeit beansprucht – bleiben sie geduldig.

Kippt Ihr Hund unmittelbar nach Ihrem Verlassen auf die Seite, führen Sie ein Signal ein, das ihm unmissverständlich mitteilt, dass Ihnen das gezeigte Verhalten nicht gefällt. Das kann ein Schade-Wort sein, ein *NEIN* oder einfach nur ein Ignorieren der falsch gezeigten Übung. Zudem empfiehlt es sich, hier zwischendurch auch die Pendelübung einzuführen. Das heißt, der Hund wird für einige wenige Meter verlassen. Noch nicht ganz angekommen am eigentlichen Ziel, geht der Hundeführer schon wieder zurück zum Hund und bestätigt ihn ganz ruhig. Dann geht er wieder von ihm weg, diesmal etwas weiter. Bleibt der Vierbeiner in der Sphinx-Haltung liegen, geht sein Hundeführer wieder zu ihm zurück und bestätigt ihn. Der Hundeführer pendelt also immer zwischen Hund und dem eigentlichen Standort hin und her. So ist der Hund immer unter Spannung und weiß nie, was als nächstes kommt. Wenn der Vierbeiner in einer größeren Distanz gut in der Sphinx-Haltung liegen bleibt, kann der Hundeführer auch zum Zielpunkt hingehen, dort kurz warten und dann wieder zurück zum Hund gehen. Die Zeitdauer der Entfernung wird langsam erhöht. Sollte der Hund kippen, wird er sofort korrigiert und die Übung beginnt von Neuem.

Legt sich der Hund erst nach einigen Minuten auf die Seite, dann ist das ein Zeichen der Entspannung. Laut PO ist ein Umliegen nicht gestattet. Sollte der Hund ein Umliegen zeigen, empfiehlt es sich, daran zu arbeiten. Mit Hilfe der Pendelübung kann man diesen Hund über den gesamten Zeitraum in Spannung halten. Das Pendeln empfiehlt sich auch zwischendurch im Training für die höheren Klassen (Ablageübungen außer Sicht).

Problem: Der Hund sitzt schräg in der Endgrundstellung

Dass der Hund in der Endgrundstellung schief sitzt, liegt meistens daran, dass sich der Hundeführer nach seiner Rückkehr falsch neben seinem Hund positioniert. Um die richtige Stelle zu finden, muss er im Vorfeld beobachten, wie sich sein Hund aus dem Platz aufsetzt. Manche Hunde lassen beim Aufstehen ihren Po an Ort und Stelle und bewegen lediglich ihre Vorderpfoten. Sollte das der Fall sein, dann ist es empfehlenswert, dass sich der Hundeführer mit den Fersen an einer gedachten Linie bei den hinteren Pfoten platziert. Zieht der Hund beide Körperseiten zu gleichen Teilen ein um aufzusitzen, sollte sich der Hundeführer auf die Mitte der liegenden Hundelänge positionieren. Schiebt der Hund sein komplettes Hinterteil nach vorne vor, dann wäre die richtige Position auf Schulterhöhe des liegenden Hundes. Auch die Schuhgröße des Hundeführers spielt eine gewisse Rolle!

Tipp für Wettkämpfe:
Achten Sie bei der Rückkehr zum Hund darauf, dass Sie in gerader Linie zum Hund zurückkehren. Andererseits sollten Sie nicht direkt auf den Hund zugehen. Das könnte ihn verunsichern und ihn zum Aufstehen veranlassen. Hier muss man ein gesundes Mittelmaß finden. Haben Sie zu viel Abstand zum Hund, wird Ihnen das als Führerhilfe angerechnet.

Übung 5: Leinenführigkeit

- Erlaubte Anzahl der Kommandos, ohne einen Punktabzug zu erhalten: 2.
- Empfohlenes Kommando: *FUSS*.

Übungsablauf

Die perfekte Fußarbeit sieht vor, dass der Hund links von seinem Hundeführer (Hundeschulter auf Kniehöhe des Hundeführers) sehr eng und gerade folgt. Dabei ist darauf zu achten, dass der Hundeführer niemals bei seinen Bewegungen durch den Hund behindert oder bedrängt wird. Die Leine wird in der linken Hand getragen und sollte locker durchhängen. Der linke Arm darf leicht angewinkelt sein, jedoch nicht starr vor oder fest gegen den Körper gedrückt. Die Arme müssen normal bewegt werden. Bellen und Winseln sind nicht erwünscht.

Richtungsansagen
Nachfolgende Weisungen können vom Ringsteward in beliebiger Reihenfolge in der Beginner-Klasse gegeben werden: Vorwärts, rechts, links, rechtsumkehrt, linksumkehrt, halt.

Bei den Richtungsänderungen links und rechts muss ein 90-Grad-Winkel gezeigt werden. Ein kleiner Bogen darf in der Linksumkehrt-Wendung gegangen werden. Wobei es von Vorteil ist, den Hund darauf zu trainieren, in der Linksumkehrt-Wendung auf der Stelle mit der Hinterhand zu bleiben. Die Geschmeidigkeit in der Hinterhand ist für viele weitere Übungen wichtig. Der Hund sollte sich beim plötzlichen Anhalten des Hundeführers schnell und ohne weitere Kommandos gerade und dicht am Knie des Hundeführers hinsetzen. Wird das Team mit dem Kommando *VORWÄRTS* wieder in Bewegung gebracht, darf der Hundeführer ein Hörzeichen geben.

Das Laufschema wird grundsätzlich vom amtierenden Ringsteward entwickelt. Es muss den Anforderungen der jeweiligen Obedience-Leistungsstufe entsprechen. Sollte das nicht der Fall sein, darf der OB-LR vor Prüfungsbeginn das Laufschema abändern.

Bewertung

Für die Wertung des Leistungsrichters ist der Gesamteindruck der Übung maßgebend. Dies sollte auch in seiner Bewertung erkennbar sein. Die Ausführung der Positionen, das Zeigen der Winkel und der Kehrtwendungen sowie die Führerhilfen lassen den OB-LR zu seiner Wertnote kommen.

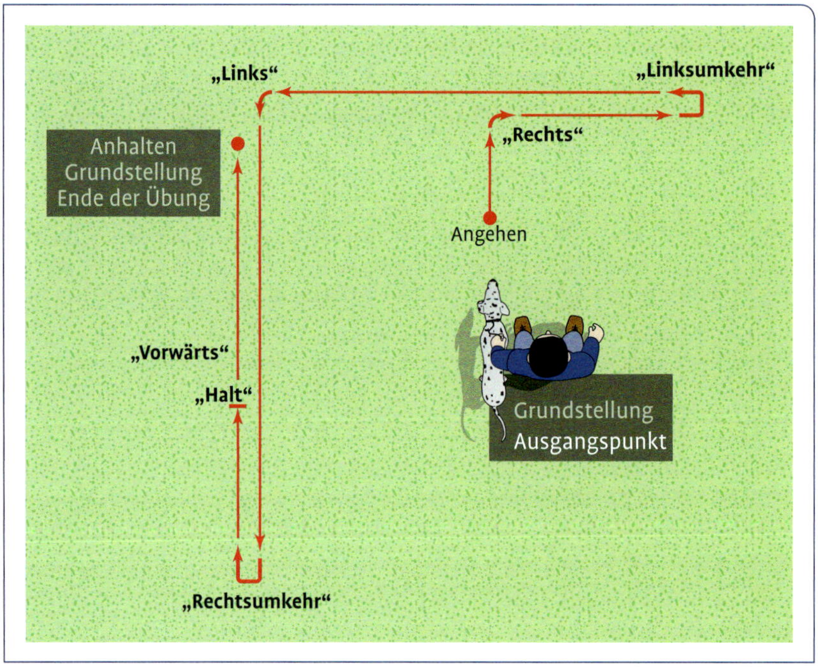

So könnte ein Laufschema für die Beginner-Klasse aussehen.

Punktabzüge gibt es bei:

- Wenn der Hund hinter dem Hundeführer und/oder weit folgt.
- Wenn der Hund schräg vor oder neben dem Hundeführer sitzt.
- Wenn zusätzliche Hörzeichen gegeben werden.
- Je Zusatzkommando: 0,5.
- Bei Nachhängen: maximal 4.

Die Übung ist mit 0 Punkten zu bewerten:

- Wenn der Hund ständig in der Leine hängt. Das Hängen bezieht sich nicht nur auf ein Nachhängen des Hundes, sondern auch auf das Vorprellen.

Übung 6: Freifolge

- Erlaubte Anzahl der Kommandos, ohne einen Punktabzug zu erhalten: 2.
- Empfohlenes Kommandos: *FUSS*.

Übungsablauf

In der Beginner-Klasse wiederholt sich das Laufschema der Leinenführigkeit (Übung 5) in der Übung 6: Freifolge. Der Ringsteward weist den Hundeführer an, den Hund kurz vor dem Übungsbeginn abzuleinen. Daraufhin steckt der Hundeführer seine Leine in die Jackentasche. Alternativ kann er sie über der linken Schulter tragen und unter dem rechten Arm schließen. Es ist zwar erlaubt, die Leine nur um den Hals zu hängen, doch empfehle ich dies nicht. In der höheren Klasse kommt der Laufschritt dazu, und dabei schlägt der Karabinerhaken dann unangenehm gegen die Brust.

Bewertung

Auch hier gilt wie in der Übung Leinenführigkeit: Das Gesamtbild der Übung ist maßgeblich für die Bewertung. Die Beurteilungskriterien sind in beiden Übungen identisch.

Der OB-LR wird nach folgenden Kriterien bewerten:

- Fußarbeit (kein Nachhängen sowie Bedrängen).
- Ausführung der Positionen.
- Winkelarbeit.
- Kehrtwendungen.
- Führerhilfen.

Punktabzüge gibt es bei:

- Je Zusatzkommando: 0,5.
- Bei Nachhängen und Vorprellen: maximal 4.

Die Übung ist mit 0 Punkten zu bewerten:

- Wenn der Hund über den größten Teil der Übung den Anschluss verliert.

Übung 7: Sitz aus der Bewegung

- Erlaubte Anzahl der Kommandos, ohne einen Punktabzug zu erhalten: 2.
- Empfohlene Kommandos: *FUSS*, *SITZ*.

Übungsablauf

Von der Grundstellung aus geht der Hundeführer mit seinem frei bei Fuß laufenden Hund im Normalschritt geradeaus. Nach 10–15 m gibt der Ringsteward dem Hundeführer die Anweisung, den Hund ins *SITZ* zu bringen. Der Hund sollte das Kommando sofort annehmen und umsetzen, ohne dass der Hundeführer seine Gangart unterbricht oder sich umsieht. Nach weiteren 20 m bleibt der Hundeführer stehen und dreht sich unverzüglich zu seinem Hund um. Erst nach Anweisung begibt sich der Hundeführer zurück zu seinem Hund. Dort angekommen, stellt er sich an der rechten Seite des Hundes in Grundstellung auf. Der Hund wird vom Hundeführer erst nach Anweisung des Stewards angeleint. Ist das geschehen, wird der Ringsteward die Übung für beendet erklären.

Im Übungsaufbau noch in Ordnung, im Wettkampf nicht erlaubt: helfende Handzeichen.

Bewertung

Der OB-LR wird nach folgenden Kriterien bewerten:

- Die Entwicklung der Übung.
- Die Ausführung der Position *SITZ.*
- Den Abschluss und die Endgrundstellung.
- Führerhilfen.

Punktabzüge gibt es bei:

- Schrägem Sitz: maximal 2.
- Starker Führerhilfe: maximal 5.
- Nachgehen des Hundes: maximal 4.
- Positionswechsel: 3.
- Schräger Endgrundstellung: maximal 2.

Nach dem Sitzkommando des Hundeführers muss der Hund seine Position innerhalb von drei Körperlängen eingenommen haben, da er sonst nicht mehr als acht Punkte erhalten kann. Wechselt der Hund seine Position, nachdem er die verlangte Position eingenommen hat (z. B. von *SITZ* in *PLATZ*), kann er nicht mehr als sieben Punkte bekommen.

Die Übung ist mit 0 Punkten zu bewerten bei:

- Stehenbleiben des Hundes bei der Anweisung zum *SITZ.*
- Falscher Position.

Sollte der Hund eine unsaubere Freifolge zeigen oder erst gar nicht die verlangte Sitzposition einnehmen, erhält er keine Punkte.

Problem: Der Hund zeigt eine zögerliche oder keine Sitzposition

Als erstes sollte man feststellen, welche Ursachen diesem Kommunikationsproblem zugrunde liegen. Ist dies nicht möglich, dann ist es ratsam, die Übung etwas langsamer und mit Hilfe von Locken mit Futter durchzuführen. Dabei wird der Hund mit einer eindeutigen Handbewegung der linken Hand (gefüllt mit Leckerlis) in die Sitzposition geführt.

Alternativ oder zusätzlich können Sie eine Signalkontrolle (siehe Kapitel „Signalkontrolle“, S. 15) durchführen.

Ausgehend davon, dass der Hund eine Verknüpfung aufgebaut hat und er somit weiß, was er bei dem Kommando *SITZ* machen soll, kann man wie folgt vorgehen: Stellen Sie sich vor den Hund und geben Sie ihm das Sitzkommando. Sobald er auch nur ansatzweise die Sitzposition einnimmt, wird er sofort bestätigt und die Übung mit einem Spiel aufgelöst. Das wiederholen Sie mehrmals. Nach und nach positionieren Sie sich nun in Richtung der Grundstellung. Wichtig ist, dass der Hund während seines Trainings immer öfter seine Sitzposition auf das Kommando hin einnimmt und er dabei viel Spaß hat.

Merke:
Der Hund wird bei dieser Übung immer nach hinten bestätigt: Der Hundeführer wirft das Spielzeug oder Leckerli hinter den Hund.

Übung 8: Kommen auf Befehl

- Erlaubte Anzahl der Kommandos, ohne einen Punktabzug zu erhalten: 3.
- Empfohlene Kommandos: *PLATZ* und *HIER*.

Übungsablauf

Der Ringsteward begleitet den Hundeführer mit seinem Hund zur Box. Die Box ist ein 3 × 3 m großes Quadrat, dessen Ecken mit Kegeln markiert sind. Eine sichtbare Linie (Band oder Kreide) verbindet die Kegel an der Außenseite. Auf Anweisung stellt sich der Hundeführer mit seinem Hund in die Mitte der Box in Grundstellung auf. Der Hundeführer wird vom Steward aufgefordert, sich bereit zu erklären. Nachdem dies geschehen ist, wird der Hund abgeleint und in die Platzposition gelegt. Nun ist es dem Hundeführer freigestellt, die Leine ohne Knoten und Schlaufen neben seinen Hund auf dem Boden abzulegen oder sich umzuhängen bzw. in die Jackentasche zu stecken. Ist die Leine weggeräumt, muss der Hundeführer auf Anweisung den Hund in einer Entfernung von etwa 15 m in Vorwärtsrichtung verlassen. Dort angekommen, stellt sich der Hundeführer mit dem Gesicht zum Hund auf. Nach einem weiteren Kommando des Ringstewards ruft der Hundeführer seinen Hund herbei. Der Hund sollte das Hörzeichen ohne zu zögern sofort annehmen und im schnellen Tempo und auf kürzestem Weg in gerader Linie zu seinem Hundeführer kommen.

Merke:
Es dürfen keine Leinen aus reflektierendem Material verwendet werden. Des Weiteren ist es auch nicht erlaubt, andere Gegenstände in der Box zu hinterlassen. Es sind zwei zusätzliche Kommandos in dieser Übung erlaubt.

Bewertung

Der OB-LR wird nach folgenden Kriterien bewerten:

- Der sauberen Ausführung des Platzkommandos.
- Der Hund sollte einer seiner Rasse und seinem Alter entsprechende Arbeitsgeschwindigkeit zeigen.
- Falls ein Vorsitz gezeigt wird, ist dieser nah am Hundeführer und zudem gerade und ohne Tempoverringerung auszuführen.
- Eng und gerade ausgeführte Endgrundstellung.
- Führerhilfen.

Dieser Border Collie benötigte sicher keine zweite Aufforderung, um zurück zu seinem Frauchen zu kommen.

Punktabzüge gibt es bei:

- Wenn der Hundeführer arbeitet, bevor der Steward eine Anweisung gegeben hat: 0,5.
- Je Zusatzkommando: 1.
- Hund bringt Leine mit: 1.
- Hund verändert Position vor dem Abrufen: 3.
- Hund kommt vor dem Abrufen: 3.
- Träges Kommen: maximal 3.
- Schräge Endgrundstellung: maximal 2.

Die Übung ist mit 0 Punkten zu bewerten:

- Wenn der Hund dem Hundeführer aus der Box nachgeht.
- Wenn der Hund kommt, bevor sich der Hundeführer umgedreht hat.
- Wenn der Hundeführer mehr als drei zusätzliche Kommandos braucht.

Trainingsaufbau

Schon von der ersten Trainingsminute an sollten Sie Ihrem Hund vermitteln, dass die Box ein sehr angenehmer Ort ist (siehe Kapitel „Senden in ein Quadrat“, S. 35).

Übung 9: Zurücksenden zum Platz

- Erlaubte Anzahl der Kommandos, ohne einen Punktabzug zu erhalten: 4.
- Empfohlene Kommandos: *BOX*, *STEH*, *PLATZ*, *SITZ*.

Übungsablauf

Der Hund sitzt nach der Übung 8 in Grundstellung neben seinem Hundeführer. Nachdem der Steward das Kommando zum Schicken in die Box gegeben hat, sendet der Hundeführer mit einem Hörzeichen den Hund ins Quadrat. Unverzüglich nach dem Kommando muss der Hund auf dem kürzesten Weg zurück in die Box laufen. Dies sollte im Trab oder Galopp erfolgen, wobei das Tempo der Rasse entsprechend beurteilt wird. Dort angekommen, muss der Hund entweder das Kommando *STEH* oder *PLATZ* zeigen. Der Hund sollte dabei dem Hundeführer zugewandt sein. Auf Anweisung geht der Hundeführer zu seinem Hund zurück und wartet auf eine weitere Anleitung des Stewards. Danach wird der Hundeführer aufgefordert, seinen Hund in die abschließende Grundstellung zu bringen.

Merke:
Wenn der Hundeführer das Kommando *STEH* gibt, muss der Hund für ungefähr drei Sekunden diese Position einhalten, um dann das weitere Kommando *PLATZ* des Hundeführers auszuführen.

Bewertung

Der OB-LR wird nach folgenden Kriterien bewerten:
- Exakte Ausführung des Sichtzeichens.
- Arbeitsgeschwindigkeit des Hundes.
- Exakte Ausführungen der Positionen in der Box.
- Exakte Ausführung der Endgrundstellung.

Punktabzüge gibt es bei:
- Wenn der Hundeführer arbeitet, bevor der Steward eine Anweisung gegeben hat: 0,5.
- Je Zusatzkommando: 1.
- Wenn der Hundeführer beim Zurücksenden des Hundes die Grundstellung verändert: maximal 2.
- Träges Arbeiten: maximal 3.
- Schräge Endgrundstellung: maximal 2.

Beim Schicken in die Box darf der Hundeführer als Unterstützung zu seinem Hörzeichen *BOX* zusätzlich ein kurzes Handsichtzeichen ohne Punktabzug geben. Wichtig: Das Handsichtzeichen muss parallel zum Hörzeichen gegeben werden und darf nicht länger andauern als das verbale Kommando. Andere Körperbewegungen sind nicht erlaubt.

Die Übung ist mit 0 Punkten zu bewerten:
- Wenn der Hund außerhalb der Box liegt.

Trainings- und Wettkampftipps

Da diese Übung in der Beginner-Klasse immer direkt nach der Übung 8 gezeigt wird, ist es empfehlenswert, auf einen ständigen Blickkontakt zwischen Hund und Hundeführer zu verzichten. Der Hund sollte nach der Endgrundstellung der Übung 8 gleich seinen Fokus auf das Ziel in der Box legen. Ist die Endgrundstellung der Übung 8 perfekt gezeigt worden und sitzt der Hund noch in dieser Grundstellung, bedarf es keiner Veränderung.

Das Ziel bei der Vorbereitung und Ausführung zu dieser Übung sollte sein, den Hund so wenig wie möglich aus seiner Konzentration zu bringen. Dazu gehört auch, dass der Hund nach der Übung 8 nur kurz und ruhig gelobt wird. Der Hundeführer sollte sich schnellstmöglich zur nächsten Übung bereit erklären, damit er nach Anweisung des Stewards seinen Hund in die Box schicken kann.

Manche Hundeführer neigen in ihrer Nervosität dazu, die Kommandos in einem eher befehlshabenden Ton zu geben. Kommt dann noch ein scharfer Laut wie das „X" in Box dazu, kann das auf sensible Vierbeiner bedrohlich wirken. In so einem Fall kann es helfen, statt *BOX* ein anderes Kommando zu verwenden, das trotz Stress freundlicher auf den Hund wirkt (z. B. *MARKE).*

Problem: In der Box nimmt der Hund das Platzkommando nicht an

Führen Sie ein Stoppkommando ein! So kann der Leistungsrichter Ihnen keine Punkte abziehen, da er es nicht einschätzen kann, ob diese Position ein *STEH* oder ein *PLATZ* hätte sein sollen.

Übung 10: Apport auf ebener Erde

- Erlaubte Anzahl der Kommandos, ohne einen Punktabzug zu erhalten: 4.
- Empfohlene Kommandos: *WARTEN, BRING, AUS, FUSS.*

Übungsablauf

Sobald der Steward die Anweisung gegeben hat, den Apportiergegenstand auszulegen, entfernt sich der Hundeführer mindestens 10 m in gerader Richtung vom Hund. Dort legt er seinen Gegenstand ab und kehrt zum Hund zurück. Der Apportiergegenstand in der Beginner-Klasse hat keine Größen-, Gewichts- oder Materialvorgaben. Es darf auch ein Spielzeug sein. Der Hundeführer darf vor dem Auslegen des Apportiergegenstandes zu seinem Hund immer ein Wartekommando sagen. Das gilt übrigens für alle Klassen.

Der Hund sollte so lange in der Grundstellung sitzen bleiben, bis er das Kommando zum Apportieren bekommt. Er soll den Gegenstand zügig, aufgeweckt und auf dem kürzesten Weg zum Hundeführer zurückbringen. Das Herumkauen auf dem Apportel oder mehrfaches Nachfassen des Gegenstands ist unerwünscht. Er muss es so lange festhalten, bis der Hundeführer auf Anweisung des Stewards dem Hund das Hörzeichen zum Loslassen gibt. Es ist erlaubt, dass sich der Hund beim Apportieren direkt am Gegenstand umdreht, bevor er ihn aufnimmt.

Die Übergabe des Apportels ist in verschiedenen Ausführungen erlaubt: Entweder, der Hund stellt sich direkt hinter dem Hundeführer zur Grundstellung auf, oder er parkt von vorne zur Seite hin ein, oder er zeigt den klassischen Vorsitz. Alle drei Varianten sind ohne Punktabzug zu bewerten. Beim Vorsitz muss der Hundeführer abwarten, bis er nach dem Ausnehmen des Apportiergegenstandes vom Steward ein weiteres Kommando zur Einnahme der Grundstellung erhält.

Die Übergabe des Apportels kann wie hier in der Grundstellung erfolgen, aber auch ein Vorsitzen ist korrekt.

Bewertung

Der OB-LR wird nach folgenden Kriterien bewerten:

- Auslegen des Apportiergegenstandes: Es darf keine übertriebene Geste sein.
- Arbeitsgeschwindigkeit muss der Rasse entsprechen.
- Aufnahme des Apportiergegenstands.
- Apportieren.
- Vorsitz.
- Endgrundstellung

Punktabzüge gibt es bei:
- Wenn der Hundeführer arbeitet, bevor der Steward eine Anweisung gegeben hat: 0,5.
- Je Zusatzkommando: 1.
- Wenn der Hund beim Auslegen des Apportiergegenstandes hinterherläuft: 3.
- Je Fallenlassens des Apportiergegenstandes: 2.
- Hund lässt Apportel fallen, bekommt Kommando: 3.
- Hund lässt Apportel fallen, Hundeführer hebt es auf: 5.
- Träges Arbeiten: maximal 3.
- Schräge Endgrundstellung: maximal 2.

Die Übung ist mit 0 Punkten zu bewerten:
- Wenn der Hund das Apportel mehr als zwei Mal fallen lässt.

Übung 11: Umgang Mensch-Hund

- Erlaubte Anzahl der Kommandos, ohne einen Punktabzug zu erhalten: entfällt.
- Empfohlene Kommandos: je nach Übung.

Übungsablauf

Diese Übung ist kein eigenständiger Prüfungspunkt. Die Bewertung soll den Hundeführer dazu ermuntern, den Hund am Ende einer jeden Übung zu belohnen. Am Verhalten des Hundeführers und seines Hundes wird beurteilt, ob zwischen den beiden die gewünschte Verständigung vorhanden ist. Der Hund soll das gesamte Programm freudig absolvieren.

Bewertung

Der OB-LR wird nach folgenden Kriterien bewerten:
- Kommunikation zwischen Hundeführer und Hund.
- Faires Verhalten des Hundeführers.
- Verhalten des Teams zwischen den Übungen.

Punktabzüge gibt es bei:
- Keiner erkennbaren Bindung zwischen Hund und Hundeführer: 1 bis 3.
- Grober Behandlung des Hundes durch seinen Hundeführer: 3 bis 5.

Die Übung ist mit 0 Punkten zu bewerten bei:
- Unsportlichem Verhalten des Hundeführers.

Klasse 1

Aufgabenstellung der einzelnen Übungen nach der neuen FCI-Prüfungsordnung, die zum 1.1.2011 in Kraft getreten ist.

Viele Elemente der verschiedenen Übungen in der Klasse 1 können Sie detailliert im Kapitel „Elemente“ nachlesen.

In der Klasse 1 darf der Hundeführer beim Betreten des Rings den Hund an der Leine führen. Zwischen den Übungen muss der Hundeführer die Leine außer Sicht des Hundes halten oder am Stewardtisch hinterlegen.

Übung 1: 2 Minuten liegen

- Erlaubte Anzahl der Kommandos, ohne einen Punktabzug zu erhalten: 3.
- Empfohlene Kommandos: *PLATZ, WARTE, SITZ.*

Übungsablauf

Auf Anweisung des Stewards stellen sich die Hundeführer einer Gruppe mit ihren angeleinten Hunden in einer Reihe mit etwa 3 m Abstand nebeneinander in der Grundstellung auf. In der Regel beginnt die Reihe mit der niedrigsten Startnummer. Sobald alle Hundeführer auf ihrem Platz sind, nehmen sie unverzüglich eine ordentliche Grundstellung ein. Nun beginnt der Steward die Übung mit der Anweisung „Hund ableinen“ und der Ansage „Übung beginnt“. Die Hundeführer werden nun von links nach rechts nacheinander aufgefordert, ihren Hund in die Platzposition zu bringen. Wenn alle Hunde liegen, verlassen die Hundeführer ihre Hunde und nehmen in 20 m Entfernung hinter einem Sichtschutz Aufstellung. Nach zwei Minuten gibt der Steward die Anweisung, dass sich alle Hundeführer zurück zu ihren Hunden in die Grundstellung begeben sollen. Kurz darauf wird der Steward jeden einzelnen Hundeführer in der Reihenfolge von rechts nach links in die Grundstellung mit Sitzposition bitten.

Während der Ablage ist es dem Hund erlaubt, seinen Kopf zu drehen und Interesse an Ablenkungen oder Geräuschen innerhalb sowie außerhalb des Wettkampfrings zu zeigen. Der Hund darf auch dann seinen Kopf heben, wenn er beim Weggang seines Hundeführers in der kompletten Down-Position war. Für die oben genannten Bewegungen darf Angst kein Auslöser sein.

Wenn ein Hund aufsteht und sich einem anderen Hund nähert und somit die Gefahr eines Kampfes besteht, muss die Übung abgebrochen werden. Für alle Hunde wiederholt sich die Übung mit Ausschluss des Hundes, der aufgestanden ist.

Bewertung

Der OB-LR wird nach folgenden Kriterien bewerten:

- Ob ein oder mehrere Zusatzkommandos benötigt werden.
- Ausführung der Positionen.
- Eventuelle Unruhe des Hundes.
- Führerhilfen.

Punktabzüge gibt es bei:

- Allen Bewegungen.
- Ein- bis zweimaligem Bellen.
- Gewichtsverlagerung des Hundes von der einen zur anderen Seite.
- Wenn der Hund vor dem Kommando seines Hundeführers arbeitet (als Reaktion auf ein Kommando des Stewards oder Nachbarn).

Dieser Vierbeiner bleibt aufmerksam liegen, bis die zwei Minuten Wartezeit vorbei sind.

- Wenn sich der Hund vor dem Kommando hinlegt oder aufsetzt und er dann die Position selbstständig oder nach Anweisung des Hundeführers verändert.
- Wenn der Hund auf der Flanke liegt.
- Schräger Endgrundstellung.

Merke:
Wenn sich der Hund aufsetzt oder hinstellt, während der Hundeführer zu ihm zurückkehrt, dürfen nicht mehr als fünf Punkte vergeben werden. Sollte sich der Hund danach noch einmal bewegen, gilt die Übung als nicht bestanden.

Die Übung ist mit 0 Punkten zu bewerten bei:
- Positionswechseln.
- Hund kriecht mehr als eine Körperlänge.
- Starker Unruhe (Bellen).

Übung 2: Freifolge

- Kommandos dürfen beim Angehen, beim Gangartwechsel und bei den zwei bis drei Einzelschritten gegeben werden.
- Empfohlenes Kommando: *FUSS*.

Übungsablauf

Der Hund sollte mit seinem Hundeführer freudig und aufmerksam bei Fuß gehen. Die optimale Position für eine schöne Fußarbeit ist erreicht, wenn die Schulter des Hundes auf Höhe des Knies des Hundeführers ist und der Hund in einer parallelen Linie läuft. Die Arme sind natürlich zu bewegen.

Während der Fußarbeit darf der Hund den Hundeführer niemals in irgendeiner Form behindern oder bedrängen bzw. von seiner Position abweichen.

Wie bei vielen Übungen kann auch bei der Freifolge der Hund mit dem Clicker trainiert werden.

Der Hundeführer kann in der Klasse 1 folgende Anweisungen vom Steward bekommen: Angehen, rechts, links, Kehrtwendung, zwei bis drei Schritte (vor und zurück), anhalten, Laufschritt (in Verbindung mit einem rechten Winkel).

Angehen: Nach jedem Anhalten und dem darauf folgenden Kommando *ANGEHEN* darf der Hundeführer das Hörzeichen *FUSS* geben.

Rechts/links: Wendungen nach rechts oder links sollten immer im 90-Grad-Winkel erfolgen. Es soll klar und deutlich erkennbar sein, dass keine runden Bögen gelaufen werden. Bei der Ausführung sollen die Schultern und der Kopf gerade bleiben. Auch sonst darf keine weitere Körpersprache eingesetzt werden.

Kehrtwendung: Der Hundeführer entscheidet, ob er die Kehrtwendung links oder rechtsherum zeigt. Auch die „deutsche Kehrtwendung“ (vielen bekannt aus der Begleithunde-

prüfung) ist erlaubt. Wichtig ist, dass der Hundeführer bei den Kehrtwendungen ungefähr auf der gleichen Linie zurück geht, auf der er gekommen ist.
Laufschritt: Jeder Gangartwechsel, z. B. zum Laufschritt, darf mit einem Hörzeichen *FUSS* unterstützt werden. Im Laufschritt darf nur die Wendung nach rechts abverlangt werden.
Zwei bis drei Schritte: Es wird auch geprüft, wie sich der Hund zeigt, wenn der Hundeführer zwei bis drei Schritte vor und zurückgeht.
Anhalten: Das Anhalten muss frei und plötzlich geschehen. Der Hund muss sich hierbei ganz nah am Hundeführer orientierend aus eigener Bewegung in Höhe des Knies hinsetzen, ohne dafür ein Kommando vom Hundeführer zu erhalten.

Bewertung

Der OB-LR wird nach folgenden Kriterien bewerten:
- Gesamtbild der Fußarbeit.
- Ausführung der Winkel.
- Ausführung der Kehrtwendungen.
- Führerhilfen.

Entscheidend dabei ist, dass der Gesamteindruck der gezeigten Fußarbeit in der Bewertung wiederzufinden ist.
Punktabzüge gibt es bei:
- Je Zusatzkommando: 0,5.
- Wenn der Hund nicht parallel zum Hundeführer geht: 2.
- Bei starkem Bedrängen: 3 bis 4.
- Wenn der Hund sich langsam bewegt: 3 bis 4.

Die Übung ist mit 0 Punkten zu bewerten:
- Wenn der Hund sich während des größten Teils der Fußarbeit mehr als 50 cm vom Hundeführer entfernt befindet.

Übung 3: Steh aus der Bewegung

- Erlaubte Anzahl der Kommandos, ohne einen Punktabzug zu erhalten: 3.
- Empfohlene Kommandos: *FUSS, STEH, SITZ.*

Übungsablauf

Vom Startpunkt aus gehen der Hundeführer und sein Hund im Normalschritt geradeaus. Nach etwa 10 m erhält der Hundeführer die Anweisung vom Steward, seinen Hund in die Stehposition zu bringen. Der Hundeführer gibt seinem Hund das Kommando zum Anhalten, ohne dabei selbst zu stoppen oder seine Geschwindigkeit zu verringern. Er geht weiter etwa 10 m geradeaus, dreht sich auf Höhe der Markierung (beispielsweise eine Halbkugel) eigenständig um und bleibt in Blickrichtung zu seinem Hund stehen. Nach einigen Sekunden und der Anweisung des Stewards kehrt der Hundeführer zurück zu seinem Hund. Dort angekommen, gibt er ihm nach Anweisung des Stewards das Kommando zur Grundstellung. Der Steward beendet die Übung.

Bewertung

Der OB-LR wird nach folgenden Kriterien bewerten:
- Ob und wie der Hund die Position einnimmt.
- Ob der Hund seine Position verändert, bevor sich der Hundeführer umdreht.
- Führerhilfen.

Punktabzüge gibt es bei:
- Wenn der Hund die richtige Position verändert, nachdem sich der Hundeführer umgedreht hat: 3.
- Wenn der Hund sich während des Stehens bewegt, ein verzögertes Anhalten oder eine schräge Position zeigt: 1 bis 4.
- Wenn der Hundeführer seine Geschwindig-

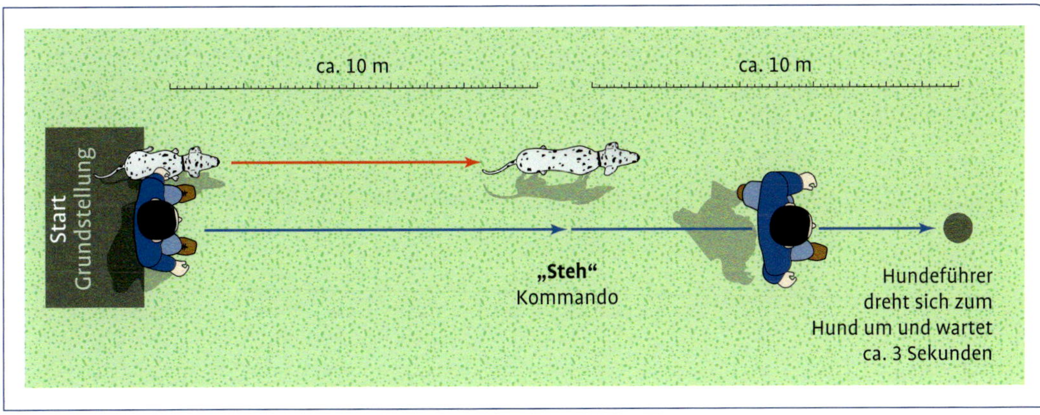

Schema des Übungsablaufs „Steh aus der Bewegung".

keit reduziert (ändert, schneller wird), bevor er das Kommando gegeben hat: 3.
- Zusätzliche Sichtzeichen zum Stehkommando: 3 bis 5.
- Nicht korrekte Fußarbeit: 1 bis 2.

Die Übung ist mit 0 Punkten zu bewerten bei:
- Einnahme einer falschen Position oder Positionsänderung, bevor sich der Hundeführer umdreht.
- Verwendung eines Zusatzkommandos.
- Stehenbleiben des Hundeführers, bevor oder während er das Stehkommando gibt.
- Fortbewegung des Hundes nach der Kommandogabe um mehr als eine Körperlänge.

Übung 4: Abrufen

- Erlaubte Anzahl der Kommandos, ohne einen Punktabzug zu erhalten: 3.
- Empfohlene Kommandos: *PLATZ* (1x), *HIER*, *FUSS*.

Übungsablauf

Der Steward sagt alle Aktionen für den Hundeführer an. Aus der Grundstellung heraus bekommt der Hundeführer die Anweisung, seinen Hund in die Platzposition zu bringen. Danach verlässt er seinen Hund nach vorn und bleibt nach 20–25 m stehen. Der Hundeführer soll nun seinen Hund, in Kombination mit dem Namen, zu sich rufen. Dabei darf nicht der Eindruck entstehen, dass der Name und das Kommando zwei separate Kommandos sind.

Besonderes Augenmerk liegt auf dem bereitwilligen Herankommen des Hundes nach dem Abrufkommando. Der Hund sollte mit gleichbleibendem Tempo, mindestens im Trab, zu seinem Hundeführer laufen.

Bewertung

Der OB-LR wird nach folgenden Kriterien bewerten:
- Saubere Ausführung der Anfangs- und Endgrundstellung.
- Einnahme der Platzposition.
- Etwaiges Kippen in der Platzposition.
- Doppelkommando.
- Hund kriecht in der Platzposition.
- Veränderung der Position, z. B. zum *SITZ*.

Punktabzüge gibt es bei:
- Je Zusatzkommando: 3.
- Wenn der Hund sich weniger als eine Körperlänge bewegt: 2.
- Wenn der Hund aufsteht oder sich setzt: 2.
- Schräge Endgrundstellung: maximal 2.

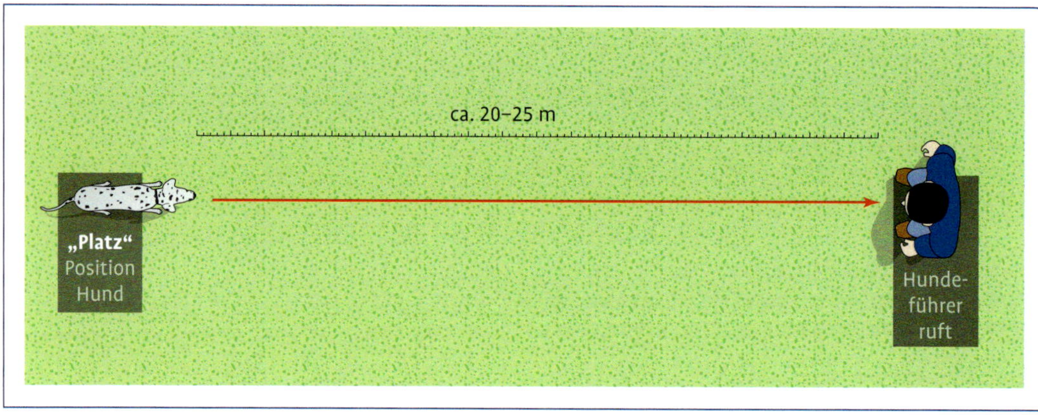

Schema des Übungsablaufs „Abrufen“.

Die Übung ist mit 0 Punkten zu bewerten bei:
- Erteilen eines dritten Abrufkommandos.
- Fortbewegen in der Platzposition um mehr als eine Körperlänge.

Übung 5: Sitz aus der Bewegung

- Erlaubte Anzahl der Kommandos, ohne einen Punktabzug zu erhalten: 2.
- Empfohlene Kommandos: *FUSS, SITZ.*

Übungsablauf

Vom Startpunkt geht der Hundeführer mit seinem Hund in gerader Linie in normaler Gangart los. Nach etwa 10 m erhält er vom Steward die Anweisung, seinen Hund in die Sitzposition zu bringen. Nach der Kommandogabe geht der Hundeführer etwa 10 m weiter bis zu einer markierten Stelle (Pylone oder Halbkugel). Hier dreht sich der Hundeführer eigenständig mit Blickrichtung zum Hund um. Nach ungefähr drei Sekunden erhält er die Aufforderung des Stewards, zurück zu seinem Hund in Grundstellung zu gehen. Der Steward beendet die Übung.

Das Ablaufschema ist identisch mit dem Schema der Übung „Steh aus der Bewegung“ (siehe „Klasse 1: Steh aus der Bewegung“, S. 90).

Bewertung

Der OB-LR wird nach folgenden Kriterien bewerten:
- Einnahme und Halten der Position.
- Handzeichen und Körperhilfen.
- Fußarbeit.
- Bewegung während der Position.
- Ausführung der Sitzposition.

Punktabzüge gibt es bei:
- Wenn der Hund seine korrekte Position verändert, nachdem der Hundeführer sich umgedreht hat: 3.
- Wenn der Hundeführer vor dem Kommando seine Gangart wechselt: 3.
- Wenn der Hundeführer das Sitzkommando mit Körperhilfen unterstützt: 3 bis 5.
- Bei schräger Grundstellung: 0,5.

Die Übung ist mit 0 Punkten zu bewerten bei:
- Falscher Position des Hundes.
- Verändern der korrekten Position, bevor sich der Hundeführer umgedreht hat.
- Hinsetzen, bevor der Hund das Kommando erhalten hat.
- Geben von Zusatzkommandos.
- Anhalten des Hundeführers, bevor oder während er das Kommando gibt.

Beim Sitz aus der Bewegung gibt es bei Körperhilfen, wie Handzeichen, Punktabzug.

Übung 6: Voraussenden in ein Quadrat

- Erlaubte Anzahl der Kommandos, ohne einen Punktabzug zu erhalten: 4.
- Empfohlene Kommandos: *BOX*, *STEH*, *PLATZ*, *SITZ*.

Übungsablauf

Der Hund sitzt in Grundstellung. Der Steward gibt dem Hundeführer die Anweisung, seinen Hund ins Quadrat (die „Box") zu schicken. Der Hund soll das Kommando auf dem kürzesten Weg, bevorzugt im Galopp, umsetzen. Das Tempo wird unter Berücksichtigung der Rasse beurteilt, unter Umständen reicht auch ein Trab, z. B. bei sehr großen, schweren Hunden. Wenn der Hund im Quadrat angekommen ist, kann der Hundeführer ein Stehkommando sagen und nach ungefähr drei Sekunden das Platzkommando geben. Alternativ ruft der Hundeführer seinen Hund direkt in die Platzposition. Auf Anweisung begibt sich der Hundeführer zu seinem Hund und stellt sich neben diesen in Grundstellung auf. Erst wenn der Steward die Weisung gibt, darf der Hundeführer seinen Hund in die Sitzposition und somit in die Grundstellung rufen. Die Übung ist beendet.

Verwendet der Hundeführer das Stehkommando, darf er vier Kommandos insgesamt benutzen. Ansonsten bleibt es bei drei Kommandos. Es ist nicht erlaubt, dem Hund die Richtung zur Box am Startpunkt anzuzeigen oder dem Hund das Quadrat vor der Übung zu zeigen. Dies führt zu einem Nichtbestehen der Übung.

Bewertung

Der OB-LR wird nach folgenden Kriterien bewerten:
- Geschwindigkeit des Hundes.
- Direkter Weg.
- Selbstständiges Arbeiten.
- Anzahl der Kommandos und deren Ausführung.
- Zusätzliche Richtungsanweisungen (Intensität und Bereitschaft des Hundes).

Punktabzüge gibt es bei:
- Verlangsamter Geschwindigkeit: 3.
- Hinsetzen oder Aufstehen des Hundes, bevor der Hundeführer angekommen ist: 2.
- Übermäßiger Bewegung des Hundeführers: 2.
- Positionsänderung des Hundes, bevor der Hundeführer bei ihm ist: 4.
- Bewegungen des Hundes während der Platzposition: 3.
- Vorzeitigem Arbeiten des Hundeführers (vor Steward-Ansage): 0,5.
- Verändern der Grundstellung beim Zurücksenden des Hundes: maximal 2.
- Trägem Arbeiten des Hundes: maximal 3.
- Schräger Endgrundstellung: maximal 2.

Die Übung ist mit 0 Punkten zu bewerten bei:
- Sitzen oder Liegen des Hundes außerhalb der Box.
- Veränderung der Grundstellung (Hundeführer), während er die Kommandos gibt.
- Entfernen des Hundes aus der Box vor Beenden der Übung.

Übung 7: Apport auf ebener Erde

- Erlaubte Anzahl der Kommandos, ohne einen Punktabzug zu erhalten: 2.
- Empfohlene Kommandos: *BRING* und *AUS*, bei Vorsitz plus *FUSS*.

Übungsablauf

Der Steward beginnt die Übung und überreicht das Apportel. Der Hundeführer wirft nach Anweisung des Stewards das Apportierholz etwa 10 m weit in die angegebene Richtung. Nach Aufforderung des Stewards bekommt der Hund vom Hundeführer das Kommando zum Apportieren. Der Hund soll das Kommando flott und auf dem kürzesten Wege ausführen. Wenn der Hund das Apportel aufgenommen hat, soll er es nicht im Maul umherdrehen oder darauf kauen (knautschen). Bevor ein Hund das Apportel aufnimmt, ist es ihm ohne Punktabzug gestattet, sich direkt beim Apportel um 180° zu drehen. Ein einmaliges Nachfassen des Apportels ist dem Hund erlaubt. Wenn der Hund wieder die Grundstellung eingenommen hat, muss er den Apportiergegenstand so lange festhalten, bis der Steward dem Hundeführer die Erlaubnis gibt, dem Hund anzusagen, dass er es nun auslassen darf. Die Übung endet mit der Grundstellung.

Bei der Apportübung gibt es in den Klassen 1, 2 und 3 Gewichtsregelungen für das Holzapportel. Das vorgeschriebene Gewicht liegt zwischen etwa 100 und maximal 450 g je Apportel. Besonders kleine Hunde (Zwergrassen) sind von der Regelung der Gewichtseinheit ausgenommen.

Bewertung

Der OB-LR wird nach folgenden Kriterien bewerten:

- Arbeitsgeschwindigkeit entsprechend der Rasse.
- Art der Aufnahme des Apportiergegenstandes.
- Ausführung des Apports.
- Vorsitz.
- Endgrundstellung.

Punktabzüge gibt es bei:

- Vorzeitigem Arbeiten des Hundeführers (vor Steward-Ansage): 0,5.
- Je Zusatzkommando: 1.
- Hund lässt Apportel fallen: 3.
- Hund lässt Apportel fallen, bekommt Kommando: 4.
- Hund lässt Apportel fallen, Hundeführer hebt es auf: 5.
- Hundeführer nimmt Apportel vor Anweisung des Stewards auf: 2.
- Sehr starkem Kauen: 5.
- Trägem Arbeiten: maximal 3.
- Schräger Endgrundstellung: maximal 2.

Die Übung ist mit 0 Punkten zu bewerten bei:

- Fallenlassen des Apportels durch den Hund, mehr als zwei Mal.
- Übermäßigem Kauen oder Zerstören des Apportels.

Dieser Border Collie lässt das Apportel nicht aus den Augen.

Trainings- und Wettkampftipps

Zu Anfang der Apportierausbildung sollte besonderes Augenmerk darauf liegen, dass der Hund in einer ruhigen Umgebung (z. B. im Wohnzimmer) das Apportel ruhig festhält. Der Hund muss zu diesem Zeitpunkt noch überhaupt keine Distanzen mit dem „neuen Etwas“ im Maul absolvieren. Wenn der Hund das Apportel nicht hektisch aus Ihrer Hand nimmt, es nicht im Maul dreht oder gar darauf knautscht, dann darf er es von einem Hocker aufnehmen. Später schließt sich die Aufnahme vom Boden an. So kann man langsam die Distanz aufbauen, die der Hund zurücklegen muss, um das Apportel zum Hundeführer zu bringen. Zu dieser Zeit der Ausbildung muss der Hund mit dem Apportel noch kein Sitz-

Merke:
Der Hund sollte am Apportel nie einen „Tötungsversuch“ starten. Wenn er dies zeigt, wird die Übung sofort unterbrochen. Bringen Sie wieder Ruhe in die Übung, in dem Sie zum letzten gut funktionierenden Step zurückgehen.

kommando zeigen. Wichtig ist erst einmal, dass der Hund viel Spaß hat, freudig an das Apportel geht und es ruhig hält.

Wenn dieser sehr wichtige Ausbildungsteil erarbeitet wurde, kann der Hund mit zusätzlichen Aufgaben betraut werden, wie z. B. dem Einparken in die Grundstellung und dem Ausgeben des Apportiergegenstandes. Wenn der Hund das Apportel öfter fallen lässt, kann die Übung aus der Grundstellung heraus aufgebaut werden. Das bedeutet, der Hund steht neben dem Hundeführer in der Grundstellung, er bekommt das Apportel ins Maul und erhält ein Wartekommando. Dann stellt sich der Hundeführer frontal etwa 1 m entfernt von seinem Hund auf. Mit einem Fußkommando wird der Hund zum Hundeführer gerufen. Auch wenn der Hund noch nicht so perfekt in der Grundstellung sitzen sollte, wird er trotzdem gelobt. Zu diesem Zeitpunkt geht es mehr darum, dass der Hund nicht auf dem Apportel herumknautscht.

Um ein sicheres Ausgeben zu gewährleisten, ist das Erlernen eines sicheren und festen Haltens die Grundvoraussetzung. Der Hundeführer darf keinesfalls den Apportierklotz aus dem Maul zieht, sondern der Hund soll das Apportel auf Kommando selbstständig und aktiv freigeben. Um ein vorzeitiges Fallenlassen zu vermeiden, bringt man dem Hund bei, dass er das Apportel so lange halten muss, bis man mit beiden Händen vollständig die äußeren Klötze des Apportiergegenstandes greift. Dazu hat unbedingt ein Kommando *AUS* zu kommen, damit der Hund aktiv auslassen darf (siehe „Touch-Test“, S. 50).

Übung 8: Kontrolle auf Distanz

- Erlaubte Anzahl der Kommandos, ohne einen Punktabzug zu erhalten: 7.
- Empfohlenen Kommandos: *PLATZ, SITZ, PLATZ, SITZ, PLATZ, SITZ.*

Übungsaufbau

Der Hundeführer bringt nach Weisung des Stewards seinen Hund von der Grundstellung in die Platzposition. Nach einer weiteren Aufforderung des Stewards verlässt der Hundeführer seinen Hund zur etwa 5 m entfernten, meist markierten Stelle. Während der Hundeführer zu seinem vorgegebenen Platz geht, bezieht parallel dazu auch der Steward seine circa 3 m hinter dem Hund liegende Position. Von dort gibt der Steward dem Hundeführer z. B. durch Sichtzeichen die Anweisung, seinen Hund erst in die Sitzposition und später in die Platzposition zu bringen. Dieser Vorgang wird wiederholt, somit sind es insgesamt vier Positionswechsel. Liegt der Hund wieder im *PLATZ*, wird der Hundeführer vom Steward aufgefordert, sich in Grundstellung neben seinem Hund aufzustellen. Hat er diese Stellung eingenommen, wird ihm aufgetragen, seinen Hund in die Grundstellung zu rufen. Die Übung ist dann beendet.

Bewertung

Der OB-LR wird nach folgenden Kriterien bewerten:

- Ausführung der Positionswechsel.
- Entwicklung der Übung gesamt.
- Ausarbeitung der Positionen.
- Arbeitsgeschwindigkeit.
- Abschluss.
- Übertrieben oder langanhaltende Handzeichen.

Punktabzüge gibt es bei:

- Vorzeitigem Arbeiten des Hundeführers vor den Anweisungen des Stewards: 0,5.
- Erstem Zusatzkommando: 2.
- Jedem weiteren Zusatzkommando: 1.
- Einer falschen Position: 3.
- Vorzeitigem Einnehmen der Endgrundstellung durch den Hund: 2.
- Fortbewegen des Hundes um eine halbe Körperlänge: 2,5.
- Fortbewegen des Hundes um eine Körperlänge: 5.
- Trägem Arbeiten: maximal 3.
- Schräger Endgrundstellung: maximal 2.

Die Übung ist mit 0 Punkten zu bewerten bei:

- Verweigern von zwei Positionswechseln.
- Fortbewegung des Hundes um insgesamt mehr als eine Körperlänge.

Trainings- und Wettkampftipps

Viele Trainingstipps für die Kontrolle auf Distanz in der Klasse 1 finden Sie im Kapitel „Elemente/Kontrolle auf Distanz“ (S. 60).

Wenn zu einem Hörzeichen ein Sichtzeichen verwendet wird, darf das Sichtzeichen nur kurz und nicht übertrieben gegeben werden. Das Sichtzeichen muss zeitgleich mit dem Hörzeichen erfolgen. Es darf nicht länger andauern als das Hörzeichen.

Tipp:
Im Reglement ist nicht definiert, wie groß das Sichtzeichen sein darf. Wozu hat der Mensch zwei Arme?

Ein guter Ringsteward wird zwischen den einzelnen Positionen circa drei Sekunden warten. Wenn Sie merken, dass Ihr Hund die Position nicht sofort einnimmt, dann schieben Sie sofort ein weiteres Hör- und Sichtkommando nach. Das kostet zwar Punkte – unterm Strich jedoch weniger, als hätte der Hund die Position nicht eingenommen.

Das Erteilen eines dritten Kommandos für einen Positionswechsel ist zwar erlaubt. Diese Position gilt allerdings in der Bewertung als nicht eingenommen.

Übung 9: Sprung über die Hürde

- Erlaubte Anzahl der Kommandos, ohne einen Punktabzug zu erhalten: 3.
- Empfohlene Kommandos: *BLEIB*, *HIER*, bei Vorsitz plus *FUSS*.

Übungsablauf

Der Hundeführer wird vom Steward in einem Abstand von 2–4 m vor der Hürde positioniert. Auf Anweisung verlässt der Hundeführer seinen Hund und geht seitlich an der Hürde auf die andere Seite. Dort bleibt er wiederum 2–4 m hinter der Hürde stehen. Der Steward gibt nun dem Hundeführer die Anweisung, seinen Hund über die Hürde abzurufen. Der Hund sollte auf direktem Weg über die Hürde springen und anschließend die Grundstellung beim Hundeführer einnehmen. Der Steward beendet die Übung.

Merke:
Die Höhe der Hürde wird in etwa auf Schulterhöhe des Hundes eingestellt. Die maximale Höhe beträgt 50 cm.

Bewertung

Der OB-LR wird nach folgenden Kriterien bewerten:

Bei dieser Übung liegt der Schwerpunkt auf der Bereitwilligkeit des Hundes, die gegebenen Kommandos auszuführen. Die Arbeits-

Der Abstand des Hundeführers zur Hürde sollte 2–4 m betragen.

geschwindigkeit wird in Hinblick auf die Rasse und die Durchführung bewertet.
Punktabzüge gibt es bei:

- Vorzeitigem Arbeiten des Hundeführers (vor den Anweisungen des Stewards): 0,5.
- Leichtem bis mittelmäßigem Berühren der Hürde: 2.

Die Übung ist mit 0 Punkten zu bewerten:

- Wenn der Hund sich auf der Hürde abstützt, sie umwirft oder nicht über die Hürde springt.

Übung 10: Gesamteindruck

- Erlaubte Anzahl der Kommandos, ohne einen Punktabzug zu erhalten: entfällt.
- Empfohlene Kommandos: je nach Übung.

Übungsablauf

Diese Übung ist kein eigenständiger Prüfungspunkt, sondern wird im Ablauf der Prüfung mitbeurteilt. Diese Bewertung dient der Anregung, dass der Hund am Ende einer jeden Übung ruhig belohnt werden sollte. Am Verhalten des Hundeführers und des Hundes wird beurteilt, ob zwischen den beiden die gewünschte Verständigung vorhanden ist. Der Hund soll das gesamte Programm freudig erarbeiten. Die Genauigkeit und die Präzision sind wichtig, zugleich der natürliche Bewegungsablauf von Hundeführer und Hund. Die Aktivitäten des Teams während und zwischen den Übungen fließen in die Bewertung mit ein. In dieser Übung werden auch Aktionen vom Hund bestraft wie das Verlassen des Rings oder Lösen im Ring.

Bewertung

Der OB-LR wird nach folgenden Kriterien bewerten:

- Bereitschaft des Hundes zur Arbeit.
- Kommunikation zwischen Hundeführer und Hund.
- Faires Verhalten des Hundeführers.
- Verhalten des Teams zwischen den Übungen.

Punktabzüge gibt es bei:

- Keiner erkennbaren Bindung zwischen Hund und Hundeführer: 1 bis 3.
- Grober Behandlung des Hundes: 3 bis 5.
- Entfernen des Hundes vom Hundeführer während oder zwischen den Übungen (ein Mal reicht aus): 5.

Die Übung ist mit 0 Punkten zu bewerten bei:

- Unsportlichem Verhalten des Hundeführers.
- Unkontrolliertem Verhalten des Hundes.
- Sich Lösen des Hundes im Ring.

Klasse 2

Aufgabenstellung der einzelnen Übungen nach der neuen FCI-Prüfungsordnung, die zum 1. 1. 2011 in Kraft getreten ist.

Viele Elemente der verschiedenen Übungen in der Klasse 2 können Sie detailliert im Kapitel „Elemente“ nachlesen.

In der Klasse 2 wird der Hund ohne Leine im Ring vorgeführt.

Übung 1: Eine Minute sitzen mit Sichtkontakt

- Erlaubte Anzahl der Kommandos, ohne einen Punktabzug zu erhalten: 2.
- Empfohlene Kommandos: *SITZ, WARTEN.*

Übungsablauf

Die Hundeführer stellen sich mit ihren Hunden in einer Reihe mit etwa 3 m Abstand voneinander in Grundstellung auf. Sobald die Weisung vom Steward zum Verlassen des Hundes gegeben wird, begeben sich die Hundeführer in die angegebene Richtung bis zu einem (gedachten) Punkt in etwa 20 m Entfernung. Dort angekommen, drehen sich die Hundeführer eigenständig mit dem Gesicht zum Hund um. Nun heißt es eine Minute warten. Dann dürfen alle Hundeführer wieder zurück zu ihren Hunden gehen. Nach Anweisung des Stewards stellen sich die Hundeführer in Grundstellung zu ihrem Hund auf. Danach beendet der Steward die Übung.

Unsportliches Verhalten sieht man auf Prüfungen leider immer wieder. Ein Beispiel: Alle Hundeführer haben ihre Position in 20 m Entfernung eingenommen. Nun meinen einige Hundeführer, sie müssten ihrem Hund helfen, damit er sitzen bleibt. Man kann sich kaum vorstellen, mit welchen Tricks manche Hundeführer bei dieser Übung arbeiten. Da wird gezischt, gefiept, die Hundeführer bekommen urplötzlich von der einen Minute zur anderen Schnupfen oder Husten. Wieder andere wachsen auf einmal mehrere Zentimeter in die Höhe. Ist es von einem Klasse-2-Starter zu viel verlangt, dass er seinen Hund im Training optimal auf diese Übung vorbereitet? Von Richterseite ist es begrüßungswert, dass sich diese leicht schräg neben bzw. hinter die Hundeführer stellen, um die Augen auf den Hunden und gleichzeitig die Ohren bei den Hundeführern zu haben.

Merke:
Fairness unter den Gruppenmitgliedern ist bei dieser Übung das oberste Gebot! Inzwischen werden zu harte Kommandos des Nachbarteams mit Punkteabzug geahndet.

Bewertung

Der OB-LR wird nach folgenden Kriterien bewerten:
- Eventuelle Zusatzkommandos.
- Ausführung der Position.
- Grad der Unruhe.
- Benötigte Führerhilfen.

Punktabzüge gibt es bei:
- Unruhe: 0,5 bis 1.
- Je Verlagern des Gewichtes (Pfoten und/ oder Gesäß): 0,5 bis 1.
- Hund bellt ein bis zwei Mal: 1 bis 2.
- Hund kriecht eine halbe Körperlänge: bis 2,5.
- Hund kriecht eine Körperlänge: bis 5.
- Teilbewertung, wenn der Hund sich hinlegt oder nur aufsteht, jedoch an Ort und Stelle stehen bleibt: 5.

Jede Bewegung des Hundes führt zu Punktabzug. Unruhe, z. B. das Verlagern des Ge-

Für die Übung „Eine Minute sitzen mit Sichtkontakt" darf der Hundeführer nur zwei Kommandos verwenden.

wichtes von einer zur anderen Seite oder das Tippeln mit den Vorderfüßen, wird mit Punktabzug bestraft. Wechselt der Hund während der Rückkehrphase des Hundeführers von der Sitz- in die Platz- oder Stehposition, kann immer noch eine Teilbewertung mit fünf Punkten gegeben werden – vorausgesetzt, Sie rufen Ihren Hund nicht zurück in die Sitzposition (Zusatzkommando!). Lassen Sie ihn einfach liegen, bis der Steward die Übung beendet hat.

Merke:
Nach dem letzten Hörzeichen *WARTEN* darf kein zusätzliches Hörzeichen gegeben werden.

Es ist dem Hund erlaubt, seinen Kopf zu drehen. Bei Ablenkung oder Geräuschen von außerhalb des Rings darf der Hund Beachtung zeigen. Er darf aber keinesfalls den Eindruck von Ängstlichkeit oder Unruhe erwecken.

Die Übung ist mit 0 Punkten zu bewerten bei:
- Andauerndem Bellen.
- Der Hund steht auf und verlässt seine Position.
- Der Hund legt sich hin.
- Der Hund bewegt sich mehr als eine Körperlänge.

Trainings- und Wettkampftipps

Beim Training zu dieser Übung sollte von Anfang an darauf geachtet werden, dass der Hund nie die Pfoten entlastet bzw. anhebt, während sich der Hundeführer in einer Distanz aufstellt.

Eine kritische Phase ist der Zeitpunkt, wenn Sie zu Ihrem Hund zurückkehren. Die Hunde sind dann oft sehr unruhig. Achten Sie darauf, dass Sie Ihren Hund bei Ihrer Rückkehr nicht mit Blicken bedrängen. Ein kleines Lächeln signalisiert ihm, dass er es gut gemacht hat. Ein nett gemeinter Lidschlag bestärkt dieses Signal. Das sind kleinste Gesten, die keinen in der Gruppe stören, dem Hund jedoch Sicherheit geben.

Problem: Der Hund legt sich hin

Verbindet der Hund diese Übung mit der Möglichkeit, sich auszuruhen? Dann fehlt ihm vielleicht die nötige Spannung. Sorgen Sie im Training für Überraschungen! So könnten Sie vorgehen: Suchen Sie sich Hundeführer, deren Hunde in dieser Übung sehr sicher sind. Je nachdem, wann Ihr Hund sich zum Hinlegen entschließt, gehen Sie kurz vorher zu Ihrem Hund und bestätigen ihn mit Leckerli oder einem ruhigen Spiel für die bisher schön gezeigte Übung. Passen Sie beim Spielen auf, dass kein anderer Trainingspartnerhund dabei mitmachen will. Das kann zu Problemen führen.

Problem: Der Hund tippelt mit den Vorderfüßen

Sind gesundheitliche Probleme durch einen Check beim Tierarzt ausgeschlossen und der Hund zeigte das Tippeln nicht nur einmal wegen Unebenheiten auf dem Platz, dann handelt es sich in den allermeisten Fällen um eine überhöhte Spannung. Dies hat zur Folge, dass man als Hundeführer zunächst wieder Ruhe in die Übung bringen muss. Der Übungsablauf sollte variiert werden: Überraschen Sie Ihren Hund, indem Sie bei ihm stehen bleiben, während die anderen Trainingskollegen weggehen. Füttern Sie Ihren Hund währenddessen mit schwer zu kauenden Leckerlis. Parallel dazu können Sie mit der Pendelübung arbeiten (siehe Kapitel „Beginner-Klasse" S. 79).

Problem: Der Hund jammert oder bellt

Auch hier bietet sich die Pendelübung an. Der Hund sollte für positives Verhalten bestätigt werden. Eine weitere Möglichkeit bei besonders mitteilungsbedürftigen Hunden, die nicht nur bei dieser Übung, sondern generell viel „quatschen", ist, dass Sie Ihrem Hund das Bellen auf Kommando beibringen. Jetzt darf er einen Laut von sich geben – und jetzt nicht. Ist dies gefestigt, erhält der Hund zu Beginn der Übung als letztes Kommando kein *WARTE*, sondern sein Stillkommando. Wenn Sie dann wieder zurück zu Ihrem Hund kommen und der Steward die Übung beendet hat, geben Sie Ihrem Hund ein Auflösungskommando.

Problem: Der Hund läuft zum Hundeführer oder folgt ihm schon beim Verlassen nach

Diese Problematik kann einen Hundeführer immer wieder treffen. Meistens geschieht dies aus einem Trainings- oder Prüfungserlebnis heraus. Überprüfen Sie, ob die Chemie zwischen den absitzenden Hunden stimmt. Es reicht schon, wenn sich zwei andere Hunde nicht leiden können, Ihr Hund aber zwischen diesen beiden sitzen muss. Diese Spannung auszuhalten ist für viele Hunde nur schwer zu ertragen und bringt sie dazu, sich zum sicheren Hundeführer zu begeben.

In diesem Fall bietet sich ein Training mit anderen Hunden an. Noch besser ist es, wenn sich mindestens drei Hunde bereits gut kennen. Dem Hund muss wieder eine positive Verknüpfung gegeben werden. Hier ist die Pendelübung sehr gut dafür geeignet.

Es gibt aber auch Hunde, die sich das Hinterherlaufen zur Unart gemacht haben. Dies passiert häufig bei Hundeführern, die die ganze Sache nicht so ernst nehmen. Sobald sich der Hund hinlegt, sollte ein Helfer den Hund am Halsband nehmen und dabei deutlich das Kommando *SITZ* geben. Es ist wichtig, dass dieser Vorgang nicht vom Hundeführer selbst durchgeführt wird. Denn der Hund kann sehr wohl einschätzen, wann ihn Frauchen korrigieren kann und wann nicht!

Übung 2: Freifolge Fußarbeit

- Erlaubte Anzahl der Kommandos, ohne einen Punktabzug zu erhalten: abhängig vom Laufschema.
- Empfohlenes Kommando: *FUSS*.

Übungsablauf

Das Mensch-Hund-Team soll sich hier in höchster Perfektion präsentieren. Das Laufschema ist am Tag des Wettkampfs für alle Teams dieser Klasse gleich. Der Hund soll stets mit seiner Schulter auf Höhe des Knies des Hundeführers in paralleler Linie bleiben. Die deutsche Kehrtwendung (Hund dreht sich hinter dem Hundeführer) ist ebenso erlaubt wie die Kehrtwendung, bei der der Hund sich ständig auf Höhe des linken Beines befindet. Der Hundeführer darf während des Wettkampfes auch beide Arten der Kehrtwendungen zeigen, allerdings müssen beide Varianten korrekt ausgeführt werden. Es bleibt dem Hundeführer überlassen, ob er die Kehrtwendung links oder rechts herum zeigt.

Bei einer harmonischen Fußarbeit wie hier heben Hundeführer und Hund das gleiche Bein zur gleichen Zeit.

Bei einer Kehrtwendung ist darauf zu achten, dass der Hundeführer ungefähr auf der gleichen Linie zurückgeht, wie er gekommen ist. Wendungen nach links oder rechts müssen im rechten Winkel (90°) gezeigt werden. Die Arme des Hundeführers sollen einer natürlichen Armbewegung ähneln und dabei neben dem Körper pendeln. Ein sehr leichtes Anwinkeln der Arme ist bei großen Hunden erlaubt. Das Gesamtbild der Übung führt zu den Bewertungskriterien, normalerweise wird nicht jedes einzelne Detail komplett bewertet.

Die Fußarbeit wird in verschiedenen Geschwindigkeiten (Normalschritt, Laufschritt und langsamer Schritt), vereint mit Rechts- und Linkswinkeln, Kehrtwendungen und Stopps überprüft. Zusätzlich werden zwei bis drei Schritte vor- und zurück bewertet.

Bewertung

Der OB-LR wird nach folgenden Kriterien bewerten:
- Zusatzkommandos.
- Abstand des Hundes zum Hundeführer.
- Ausführungen der Position.
- Führerhilfen.
- Tempowechsel.
- Kehrwendungen.
- Winkel.

Punktabzüge:
- Wenn der Hund nicht parallel zum Hundeführer läuft: 2.

- Je Zusatzkommando: 1.
- Hund bedrängt stark: 3 bis 4.
- Hund hängt nach: 3 bis 4.
- Hund zeigt keinen Arbeitseifer: 3 bis 4.

Um Punktverlust bei den „Sternschritten" zu vermeiden, sollte der Hundeführer seine Schultern und den Kopf bei der Präsentation nicht bewegen. Auch ein Langsamerwerden oder Anhalten vor, während oder nach den Winkeln oder den Wendungen führt zu Punkteverlust

Die Übung ist mit 0 Punkten zu bewerten:

- Wenn der Hund über den größten Teil der Übung den Anschluss zum Hundeführer verliert.
- Wenn der Hundeführer vom Hund während der Präsentation verlassen wird.

Trainings- und Wettkampftipps

Bei der Übung „Freifolge Fußarbeit" sind folgende Probleme zu sehen:

- Der Hund zeigt keine oder eine schiefe Grundstellung.
- Der Hund läuft bei den „Sternschritten" nicht parallel zum Hundeführer.
- Der Hund bedrängt den Hundeführer.
- Der Hund hängt nach.

Lösungsvorschläge finden Sie im Kapitel „Elemente: Die Fußarbeit" (S. 30).

Übung 3: Steh und Sitz aus der Bewegung

- Erlaubte Anzahl der Kommandos, ohne einen Punktabzug zu erhalten: 5.
- Empfohlene Kommandos: *STEH*, *SITZ*, 3 × *FUSS*.

Die Abfolge der Rechts- und Linkswinkel sind am Wettkampftag für alle Klasse-2-Starter gleich, können aber von Wettkampf zu Wettkampf variieren. Bei der Positionseinnahme *STEH* oder *SITZ* soll ein Abstand des Hundes von etwa 0,5 m parallel zur imaginären Linie zwischen den Start-, Wende- und Endpunkten sein. Die Größe des Hundes wird bei der Ausführung berücksichtigt.

Mit Halbkugeln oder Kegeln werden die Punkte markiert, an denen der Hundeführer wenden soll. Der Hundeführer soll die Markierungen immer an der rechten Seite passieren. Die Wendungen sollen 90° betragen und nicht abgerundet gezeigt werden. Der Hundeführer wird bei dieser Übung mit seinem Hund im Normalschritt vom Steward geschickt. Der Steward sagt in allen Phasen der Übung die geforderte Aktion (Angehen, Anhalten, Wendungen) an.

Übungsablauf

Der Hundeführer verlässt den Startpunkt mit seinem Hund in gerader Linie. Der Hundeführer wird angewiesen, aus der Bewegung heraus seinem Hund das Kommando zum Stehen zu geben. Der Hund muss direkt nach diesem Kommando die Position einnehmen und halten. Der Hundeführer geht dann ungefähr 10 m weiter und wendet nach Ansage des Stewards an der Markierung. Auf dem Weg zum Hund zurück ist darauf zu achten, dass sich der Hundeführer in paralleler Linie zu seinem Hinweg bewegt. Der Hundeführer geht im Abstand von 50 cm an seinem Hund etwa 1–2 m vorbei. Hier bekommt der Hundeführer vom Steward die Anweisung zum Wenden. Der Hundeführer nimmt eigenständig seinen Hund bis zur nächsten Wendung (etwa 5 m) mit und folgt den jeweiligen Anweisungen. Etwa 10 m nach der Wendung erhält der Hundeführer die Anweisung zur Sitzposition seines Hundes. Auch hier soll der Hund direkt nach Ansage die gewünschte Position einnehmen und halten. Der Hundeführer zeigt den gleichen Übungsablauf wie im ersten Teil beschrieben. Nachdem der Hundeführer seinen Hund mitgenommen hat, geht er noch-

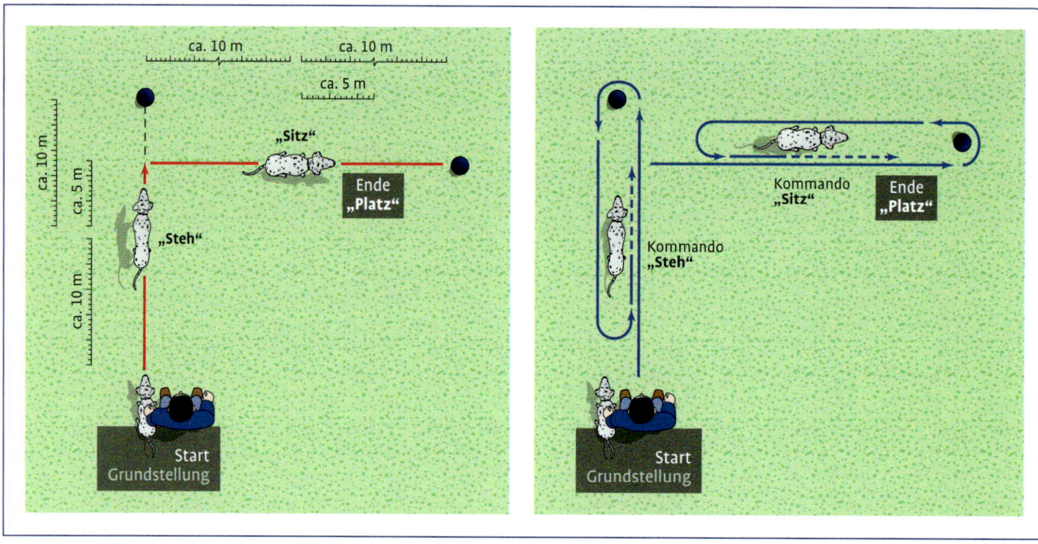

In der Übung „Steh und Sitz aus der Bewegung“ soll der Hundeführer die Markierungen stets an der rechten Seite passieren.

mals mit seinen Hund etwa 5 m in gerader Linie weiter, bevor er auf Anweisung des Stewards die Abschlussgrundstellung einnimmt.

Bewertung

Der OB-LR wird nach folgenden Kriterien bewerten:
- Zusatzkommandos.
- Führerhilfen.
- Ausführungen der Positionen (Arbeitsweise).
- Fußarbeit (z. B. Schrittverzögerung, Bögen in den Winkeln, Nichteinhaltung der imaginären Linie).
- Fehlerhafter Anschluss.

Punktabzüge gibt es bei:
- Je Zusatzkommando: 2.
- Verzögerter Annahme des Kommandos: bis 2.
- Schräger Positionsausführung von Steh oder Sitz: bis 2.
- Hund wechselt nach Einnahme der Position die Haltung: 2.
- Hund geht nicht parallel in der Fußposition zum Hundeführer: bis 2.
- Fußarbeit von geringer Qualität: bis 2.
- Schräger Endgrundstellung: bis 2.
- Hund nimmt falsche Position ein: 3.
- Bewegungen des Hundes in den Positionen, langsames Stehenbleiben und Hinsetzen: 1 bis 4.
- Schrägem Stehen oder Sitzen: 1 bis 4.
- Hundeführer dreht oder schaut sich um: 1 bis 4.
- Hund lässt eine Position aus und hält gar nicht an: 4.

Die Übung ist mit 0 Punkten zu bewerten bei:
- Zwei fehlerhaften Positionen.
- Hund bewegt sich mehr als eine Körperlänge.

Übung 4: Abrufen mit Steh

- Erlaubte Anzahl der Kommandos, ohne einen Punktabzug zu erhalten: 5.
- Empfohlene Kommandos: *PLATZ*, *STEH*, 2 × *HIER*, bei Vorsitz plus *FUSS*.

Übungsablauf

An einem vom Steward bestimmten Punkt nimmt der Hundeführer mit seinem Hund die Grundstellung ein. Nach Anweisung des Stewards wird der Hund vom Hundeführer mit einem Hörzeichen in die Platzposition gebracht. Auf Weisung verlässt der Hundeführer seinen Hund in die angegebene Richtung auf etwa 25–30 m, ohne sich dabei zum Hund umzusehen. Ist der Hundeführer bei seinem Endpunkt angekommen, ruft er nach Ansage des Stewards seinen Hund. Nach etwa der Hälfte der Distanz gibt der Hundeführer dem Hund eigenständig ein Hör- oder Sichtzeichen, damit der Hund die Stehposition einnimmt. Erst nach Aufforderung des Stewards darf der Hundeführer seinen Hund nun weiter zu sich rufen. Es bleibt dem Hundeführer bzw. der Ausbildung des jeweiligen Hundes überlassen, ob nun der Hund den Vorsitzt zeigt und ein weiteres Kommando für die Grundstellung benötigt oder ob der Hund direkt neben seinem Hundeführer die Grundstellung einnimmt. Für die direkte Einnahme der Grundstellung ist es ohne Bedeutung, ob der Hund einen kleinen Bogen um den Hundeführer läuft oder ob er von vorne direkt in die Grundstellung kommt. Wichtig dabei ist, dass der Hund immer gerade in der Grundstellung sitzt und keine zu weiten Bögen bei der Ausführung zeigt.

Bei dieser Übung ist es erlaubt, Sicht- oder Hörzeichen zu geben. Für das Sichtzeichen dürfen auch beide Hände benutzt werden. Sicht- und Hörzeichen dürfen auch im Wechsel eingesetzt werden.

Die Kunst beim „Abrufen mit Steh" ist, dass der Hund sein schnelles Tempo beibehält.

Der Name des Hundes darf mit dem ersten Abrufkommando kombiniert werden. Dabei darf nicht der Eindruck entstehen, dass es sich um zwei getrennte Befehle handelt.

Bewertung

Der OB-LR wird nach folgenden Kriterien bewerten:

- Ablage ins *PLATZ*.
- Arbeitsgeschwindigkeit (der Rasse entsprechend).
- Annehmen des Kommandos *STEH*.
- Gleichmäßige Arbeitsgeschwindigkeit.
- Vorsitz, wenn er gezeigt wird.
- Endgrundstellung.

Punktabzüge gibt es bei:
- Vorzeitigem Arbeiten des Hundeführers: 1.
- Je Zusatzkommando: 2.
- Der Hund verändert seine Position vor dem Abrufen: 2.
- Trägem Kommen: maximal 3.
- Falscher Position beim Anhalten: 3.
- Schräger Endgrundstellung: maximal 2.

Die Übung ist mit 0 Punkten zu bewerten bei:
- Mehr als zwei zusätzlichen Kommandos.
- Der Hund kommt, bevor sich der Hundeführer umgedreht hat.
- Der Hund kommt langsamer als im Trab.
- Falsche Position beim Kommando *STEH.*
- Der Hund benötigt mehr als drei Körperlängen.
- Der Hund bewegt sich mehr als eine Körperlänge, bevor das erste Abrufkommando gegeben wurde.
- Der Hund läuft durch.

Trainings- und Wettkampftipps

Der Hund sollte jedes Mal davon ausgehen, dass er mit guter Geschwindigkeit zu uns durchlaufen soll. Entsprechend variantenreich muss trainiert werden! Dennoch rate ich davon ab, in jedem Training den Hund zunächst durchlaufen zu lassen und im zweiten Durchgang mit einem Stoppkommando zum Stehen zu bringen. Denn das führt oft dazu, dass der Hund zwar volle Geschwindigkeit zeigt, aber leider nicht mehr zum Stoppen kommt.

Wenn ein Hund dazu neigt, das Kommando *STEH* zeitverzögert anzunehmen oder nachzutippeln, dann ist folgende Trainingsmethode eine mögliche Lösung:

Bereiten Sie zwei Spielzeuge (oder Futterdosen) vor. Das eine Spielzeug wird nach dem Einnehmen der Platzposition von einer Hilfsperson möglichst unbemerkt circa 1 bis 2 m hinter den Hund gelegt. Ein zweites Spielzeug haben Sie selber dabei. Nun rufen Sie Ihren Hund zu sich. Es muss gar nicht die volle Distanz sein, 15 m reichen aus. Ist Ihr Hund die ersten Meter in Ihre Richtung gelaufen, nehmen Sie mit ihm intensiven Blickkontakt auf. Danach folgt das Kommando zum Stehenbleiben. Reagiert der Hund sofort auf das Kommando, indem er die Geschwindigkeit drosselt (er muss noch nicht perfekt stehen bleiben), dann bestätigen Sie ihn per Click und laufen gemeinsam zum Spielzeug, das hinter dem Hund positioniert ist.

Beim nächsten Mal kann es passieren, dass Ihr Hund besonders pfiffig sein will und sich erst das Spielzeug, das hinter ihm liegt, holt. Tadeln Sie ihn dafür nicht. Bitten Sie den Helfer beim nächsten Mal, das Spielzeug erst dann auszulegen, wenn der Hund bereits zu Ihnen unterwegs ist. Wenn der Hund nun zögerlich in der Geschwindigkeit wird, sollten Sie ihn direkt zu sich durchrufen und ihn mit dem Spielzeug bestätigen.

Ziel ist es, dass der Hund zwischen den Stopps eine gleichbleibende, der Rasse entsprechende Geschwindigkeit (mindestens schnellen Trab) zeigt. Das Stehkommando sollte der Hund sofort annehmen und umsetzen.

Hütehunde, die fokussieren und dadurch in der Bewegung langsamer werden oder gar verharren, sollten eine Zeit lang zum Hundeführer durchlaufen dürfen. Nur ab und zu überraschen Sie sie mit einem Stehkommando.

Übung 5: Voraussenden in ein Quadrat mit Platz und Abrufen

- Erlaubte Anzahl der Kommandos, ohne einen Punktabzug zu erhalten: 4.
- Empfohlene Kommandos: *BOX*, *STEH*, *PLATZ*, *HIER*.

Übungsablauf

Vom Startpunkt aus schickt der Hundeführer nach Anweisung seinen Hund in das Quadrat. Wenn der Hund dort angekommen ist, gibt ihm der Hundeführer das Kommando zum Hinlegen oder zum Stehen. Nach circa drei Sekunden wird der Hund in die Platzposition kommandiert. Nun wird der Hundeführer vom Steward angewiesen, sich vorwärts in die Richtung der rechten Pylone zu begeben. Etwa 2 m davor erhält er die Anweisung, nach links zu gehen. Dies wiederholt sich nach etwa 3 m. Nun befindet sich der Hundeführer auf dem Rückweg zum Ausgangspunkt. Nach weiteren 10 m bekommt der Hundeführer die Ansage, dass er seinen Hund rufen soll. Dieser soll in schnellem Tempo den Anschluss zum Hundeführer suchen. Beide gehen ohne zu stoppen oder die Gangart zu verändern zum Ausgangspunkt, bis der Steward das Kommando zum Anhalten gibt und die Übung beendet.

Die Distanz vom Startpunkt bis zum Mittelpunkt des Quadrates beträgt 25 m. Das Quadrat selbst ist 3 × 3 m groß und wird in der Regel mit einem gut sichtbaren Band oder einer Kreidemarkierung gekennzeichnet. In jeder Ecke werden auf die Bandaußenlinien 10–15 cm große Pylonen gestellt.

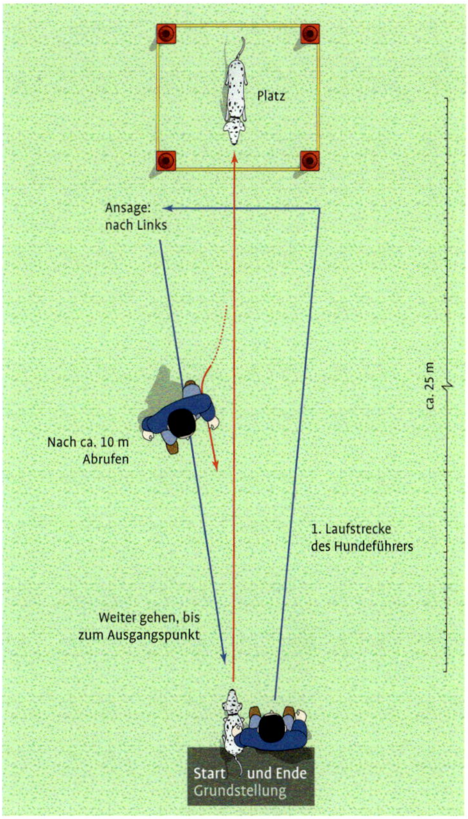

Der Hundeführer läuft in dieser Übung ein spitzes Dreieck. Auf dem Rückweg zum Ausgangspunkt schließt sich ihm sein Hund wieder an.

Bewertung

Der OB-LR wird nach folgenden Kriterien bewerten:

- Arbeitsbereitschaft des Hundes.
- Arbeitsgeschwindigkeit der Rasse entsprechend.
- Annahme des Stehkommandos.
- Übermäßige Körperhilfen.
- Arbeiten des Hundes, bevor der Hundeführer ein Kommando gegeben hat.
- Bewegung des Hundes, während er im Quadrat liegt.
- Vorzeitiges Aufstehen oder Aufsitzen des Hundes im Quadrat vor dem Abrufen.
- Anschluss und Geschwindigkeit zum Hundeführer beim Abrufen.
- Endgrundstellung.

Punktabzüge gibt es bei:

- Hundeführer arbeitet vor Anweisung des Stewards: 1.
- Hundeführer gibt übermäßige Körperhilfen: 2.
- Hundeführer gibt ein Handzeichen, während der Hund noch neben ihm sitzt: 2.
- Hund arbeitet selbstständig (Hund hält in der Box ohne Kommando an und legt sich hin): 2.
- Je Zusatzkommando: 2.
- Hund verändert Position vor dem Abrufen: 2.
- Träges Kommen: maximal 3.
- Hund bewegt sich im Quadrat: 3.
- Hund verändert nach dem zweiten Winkel des Hundeführers seine Position: maximal 2.

Um einen Punktabzug zu vermeiden, dürfen Sie während der Ausführung Ihre Laufgeschwindigkeit nicht verändern.

Die Übung ist mit 0 Punkten zu bewerten bei:

- Veränderung der Grundstellung des Hundeführers in irgendeine Richtung, während er das Kommando gibt.
- Liegen des Hundes außerhalb des Quadrats (Ausnahme: die Rute).
- Wenn der Hund vor dem zweiten Winkel des Hundeführers aufsteht oder sich aufsetzt.
- Wenn der Hund sich über die Markierung des Quadrats hinwegbewegt.
- Ein drittes Abruf-, Steh- oder Platzkommando.

Merke:
Es ist nicht erlaubt, dem Hund vor der Übung das Quadrat zu zeigen oder am Startpunkt die Richtung der Box zu weisen.

Vor dem Platzkommando ist es erlaubt, ein Stehkommando zu geben. Dieser Vierbeiner sollte dieses schleunigst erhalten.

Trainings- und Wettkampftipps

Um wertvolle Punkte zu retten macht es Sinn, das Kommando *STEH* mit einzubauen. Falls Sie dies nicht möchten, dürfen Sie bei dieser Übung statt vier dann nur drei Kommandos geben.

Wenn Sie Ihren Hund aus der Box abrufen, ist es Ihnen erlaubt, den Kopf leicht schräg über die Schulter in Richtung Ihres Hundes zu drehen.

Achten Sie beim Anschluss Ihres Hundes darauf, dass er Sie nicht überholt (vorprellt), anspringt oder zögerlich ist.

Weitere Infos, Tipps und Tricks finden Sie in dem Kapitel „Elemente: Senden in ein Quadrat" (S. 35).

Übung 6: Apportieren mit Richtungsanweisung

- Erlaubte Anzahl der Kommandos, ohne einen Punktabzug zu erhalten: 5.
- Empfohlene Kommandos: *FUSS*, *STEH*, *RECHTS*, *LINKS* und/oder Handzeichen, *BRING*, *AUS*, bei Vorsitz plus *FUSS*.

Übungsablauf

Der Hundeführer stellt sich mit seinem Hund am Startpunkt auf. Der Steward legt die zwei Holzapportel, beginnend mit dem gelosten Apportel, nacheinander aus. Der Hundeführer wird nun aufgefordert, in Fußposition mit seinem unangeleinten Hund zur Pylone zu gehen. Dort lässt er den Hund aus der Bewegung heraus in Blickrichtung zum Startpunkt in die Stehposition gehen. Der Hundeführer geht weiter zu seinem Ausgangspunkt (Startpunkt). Dort angekommen, stellt er sich mit Blickrichtung zu seinem Hund auf. Nach ungefähr drei Sekunden bekommt er die Ansage, seinen Hund zum gelosten Apportel zu schicken. Der Hund muss das Holzapportel zügig apportieren und seinem Hundeführer übergeben.

Die Seite, auf die das zu apportierende Holzapportel gelegt wird, wird vorab ausgelost. Dieses wird immer zuerst ausgelegt.

Vom Veranstalter müssen drei verschiedene Apportelgrößen mit einem Höchstgewicht von 450 g bereitstehen. Prinzipiell darf der Hundeführer die Größe für seinen Hund frei wählen, jedoch sollte die Größe des Apportels zur Größe des Hundes passen.

Bewertung

Der OB-LR wird nach folgenden Kriterien bewerten:

- Arbeitsbereitschaft des Hundes, die Richtungsansage zu befolgen.
- Arbeitsgeschwindigkeit (der Rasse entsprechend).
- Der Hund soll den kürzesten Weg zum Apportel und zum Hundeführer nehmen.
- Annahme und Umsetzung des Kommandos *STEH*.
- Übermäßige Körperhilfen.
- Ausführung der Endgrundstellung.

Punktabzüge gibt es bei:

- Der Hund läuft zum falschen Holzapportel, bringt aber durch eine Korrektur des Hundeführers das richtige Holz: 4.
- Zusätzliche Hörzeichen für das Richtungskommando (abhängig von der Intensität): 1 bis 2.
- Je Zusatzkommando: 2.
- Hundeführer arbeitet vor Anweisung des Stewards: 2.
- Falsche Position am Kegel im Kreis: 2.
- Knautschen: 3 bis 5.
- Fallenlassen des Apportels, jedoch Wiederaufnahme ohne weiteres Kommando: 3.
- Fallenlassen des Apportels, Wiederaufnahme mit weiterem Kommando: 5.
- Fallenlassen des Apportels, Hundeführer hebt es ohne Grundstellung zu verändern auf: 5.

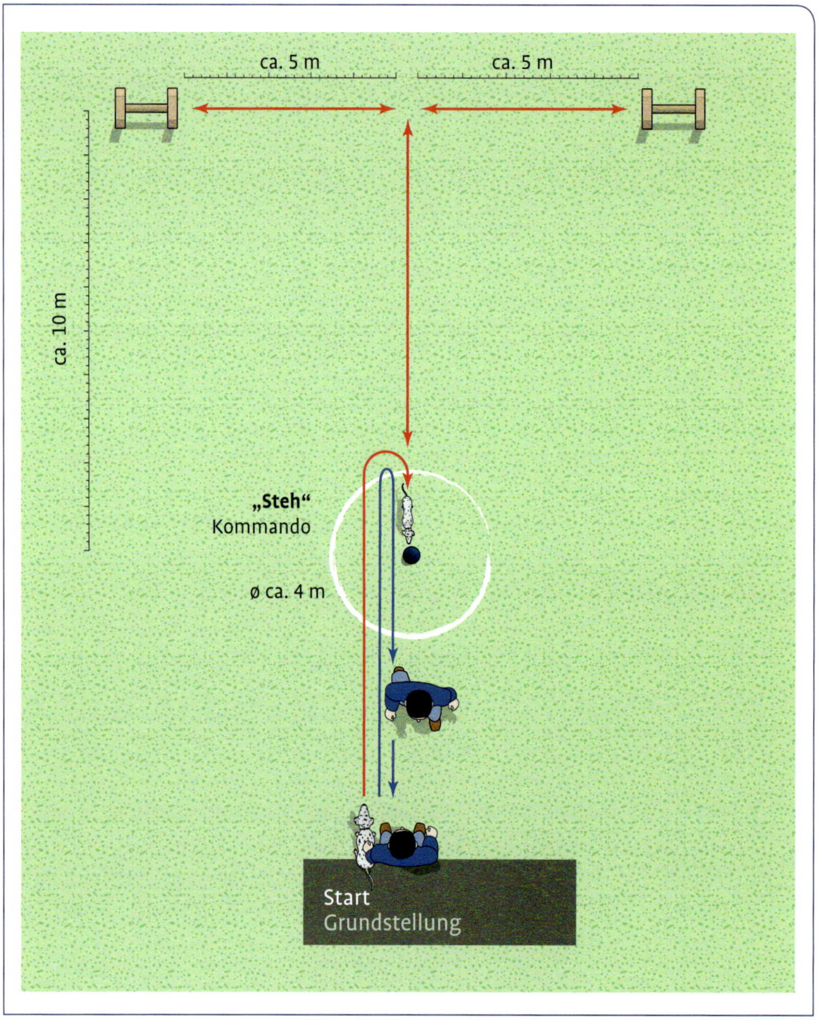

Schematische Darstellung der Übung „Apportieren mit Richtungsanweisung“.

- Der Hundeführer lässt den Apportiergegenstand bei der Abnahme selber fallen und hebt ihn wieder auf: 3.
- Langsame Ausführung der Übung: maximal 4.
- Schräge Endgrundstellung: maximal 2.

Die Übung ist mit 0 Punkten zu bewerten:

- Wenn dem Hund am Startpunkt die Richtung angezeigt wird.
- Wenn der Hund sich vor dem Kommando mehr als eine Körperlänge von der Stehposition entfernt.

Trainings- und Wettkampftipps

Das Apportieren mit Richtungsanweisung muss für das Training unbedingt in Einzelteile zerlegt werden. In welcher Reihenfolge Sie dies vollziehen, bleibt natürlich Ihnen überlassen. Das Stehkommando sollte der Hund durch die Anforderung in den unteren Klassen beherrschen. Nun wird es mit dem Anlaufen der Pylone kombiniert.

Der zweite Schritt ist die Richtungsangabe: Kommando *LINKS:* Ihr Hund läuft nach links,

Kommando *RECHTS:* der Hund läuft nach rechts. Dies kann man spielerisch sehr gut mit zwei geschlossenen Futterschüsseln an einer T-förmigen Feldkreuzung üben. Zunächst stellen Sie sich mit geringer Distanz zu den Schüsseln gegenüber Ihrem Hund auf. Schicken Sie nun mit intensiven Hör- und Sichtzeichen den Hund auf die eine Seite. Befolgt Ihr Hund die Anweisung, laufen Sie ihm hinterher und öffnen die Dose sofort.

Funktioniert die Richtungsanweisung gut und es handelt sich um einen apportierfreudigen Hund, können Sie zum nächsten Schritt weitergehen. Nun werden die beiden Futterboxen durch zwei Holzapportel ausgetauscht. Der Hund soll die jeweilige Richtung annehmen, das Apportel aufnehmen und freudig in unsere Richtung kommen. Alles andere ist im Moment ohne Belang. Zur Sicherheit sollten Sie das Apportel, das der Hund nicht bringen soll, mit einer Hilfsperson absichern. So halten Sie die Fehlerquote so niedrig wie möglich.

Erst wenn alle einzelnen Elemente gut funktionieren, setzen Sie sie zu einer Gesamtübung zusammen.

Übung 7: Identifizieren eines Gegenstandes und Apportieren

- Erlaubte Anzahl der Kommandos, ohne einen Punktabzug zu erhalten: 4.
- Empfohlene Kommandos: *SUCH*, *AUS*, bei Vorsitz plus *FUSS*.

Übungsablauf

Zu Beginn der Übung erhält der Hundeführer einen hölzernen Apportiergegenstand mit einer Größe von 10 × 2 × 2 cm. Wenn das Geruchsholz noch nicht mit einem Erkennungszeichen versehen wurde, wird dieses vom Hundeführer z. B. mit einem Kreuz oder der Startnummer markiert. Der Hundeführer behält den Gegenstand ungefähr zehn Sekunden in der Hand. In dieser Zeit ist es dem Hund nicht gestattet, den Gegenstand zu berühren oder daran zu riechen. Der Hundeführer entscheidet, ob sein Hund beim Auslegen des Gegenstands zusehen soll oder ob er sich mit dem Hundeführer zusammen umdreht. Erfahrungsgemäß kann man sagen, dass die meisten Hunde zuschauen. Die Gegenstände werden entweder in einem Kreis oder in einer horizontalen Linie mit einem Abstand von etwa 25 cm ausgelegt. Die Gegenstände werden für alle Wettkampfteilnehmer in gleicher Art und Weise ausgelegt, die Position des zu findenden Hölzchens kann jedoch variieren. Werden die Gegenstände in einer horizontale Linie ausgelegt, darf das Hölzchen des Hundeführers nicht an den äußersten Positionen liegen. Jeder Wettkampfteilnehmer muss sechs neue Gegenstände zur Verfügung gestellt bekommen. Der Hundeführer schickt seinen Hund nach Aufforderung des Stewards zu den Hölzern. Der Hund soll den Gegenstand des Hundeführers finden, apportieren und bringen. Er hat für seine Suche ungefähr 30 Sekunden Zeit.

Bewertung

Der OB-LR wird nach folgenden Kriterien bewerten:
- Der Arbeitsbereitschaft und Geschwindigkeit des Hundes.
- Nimmt der Hund einen falschen Gegenstand auf?
- Nimmt der Hund den richtigen Gegenstand auf und legt ihn wieder ab, um sich zu vergewissern?
- Knautscht der Hund auf dem Hölzchen oder zerbeißt es sogar?

Punktabzüge gibt es bei:
- Hund nimmt den falschen Gegenstand auf, bringt aber dann das korrekte Hölzchen: 3.
- Je Zusatzkommando: maximal 2.

Jetzt aber schnell hin und das richtige Hölzchen finden!

- Hundeführer gibt Kommando vor Anweisung des Stewards: maximal 2.
- Hund lässt Geruchsholz fallen: maximal 3.
- Hund lässt Geruchsholz fallen und erhält Kommando: 5.
- Hund lässt Geruchsholz fallen und Hundeführer hebt es auf: 5.
- Hund knautscht (je nach Intensität): maximal 5.
- Hundeführer nimmt Geruchsholz vor Anweisung des Stewards ab: 2.
- Hund arbeitet träge: maximal 4.
- Schräge Endgrundstellung: maximal 2.

Die Übung ist mit 0 Punkten zu bewerten:

- Wenn der Hund vor Übergabe an den Steward am Geruchshölzchen riecht oder dieses berührt.
- Wenn der Hund zwei Mal den falschen Gegenstand aufnimmt, auch wenn er schlussendlich den richtigen Gegenstand bringt.
- Der Hundeführer gibt ein Kommando, während der Hund die Hölzer abriecht.
- Der Hund zerbeißt das Hölzchen in mehrere Einzelteile.

Trainings- und Wettkampftipps

Ausführliche Tipps zum Übungsaufbau und zum Training sowie Problemlösungen finden Sie im Kapitel „Elemente“ unter „Identifizieren und Apportieren eines Gegenstandes“ (S. 54).

Übung 8: Distanzkontrolle

- Erlaubte Anzahl der Kommandos, ohne einen Punktabzug zu erhalten: 6.
- Empfohlene Kommandos: *PLATZ, WARTE, SITZ, STEH, PLATZ, SITZ.*

Übungsablauf

Der Hundeführer bringt nach Weisung des Stewards seinen Hund von der Grundstellung in die Platzposition. Auf Anweisung verlässt der Hundeführer seinen Hund auf eine Distanz von etwa 10 m und dreht sich eigenständig in Blickrichtung zum Hund um. Der Steward gibt nun drei verschiedene Positionen vor, die der Hundeführer seinem Hund mit Hilfe von Hör- und/oder Sichtzeichen angibt. Der Hund soll seine Positionen zügig, aber dennoch genau durchführen, ohne dabei seinen ursprünglichen Platz zu verlassen. Die letzte Position vor der Endgrundstellung ist immer ein *PLATZ*. Auf Anweisung des Stewards geht der Hundeführer zu seinem Hund zurück. Hier bekommt der Hundeführer dann eine weitere Anleitung, seinen Hund in die Endgrundstellung zu kommandieren. Im Anschluss daran wird die Übung vom Steward für beendet erklärt.

Folgende zwei Abfolgen für den Positionswechsel sind laut Prüfungsordnung möglich:

Anfangsgrundstellung–Platz–Sitz–Steh–Platz–Sitz–Steh–Platz–Endgrundstellung.

Anfangsgrundstellung–Platz–Steh–Sitz–Platz–Steh–Sitz–Platz–Endgrundstellung.

Der Steward zeigt dem Hundeführer die Reihenfolge der jeweilig geforderten Positionen mit Hilfe von beschrifteten Tafeln oder Zeichnungen oder einem elektrischen Anzeigegerät für ungefähr drei Sekunden an. Der Steward sollte dabei 3–5 m vom Hund entfernt stehen.

Der Hundeführer darf Hör- und Sichtzeichen zusammen oder auch getrennt voneinander geben. Wichtig ist, dass das Sichtzeichen nie länger als das Hörzeichen ist und umgekehrt.

Die Reihenfolge der Positionen muss am Wettkampftag für alle Starter in der Klasse 2 gleich sein.

Ziel dieser Übung ist es nicht nur, dass der Hund die verlangte Position schnell und präzise ausführt, sondern dass der Hund bei der Ausführung mit einer statischen Vorderhand oder statischen Hinterhand seine Positionswechsel zeigt. Jede Fortbewegung, unabhängig in welche Richtung, wird zusammenaddiert und kann so gegebenenfalls zu einer Bewegung von einer Körperlänge führen, was dann zum Nichtbestehen der Übung führen würde.

Ist ein drittes Kommando für den gleichen Positionswechsel nötig, gilt die Position als nicht eingenommen.

Bewertung

Der OB-LR wird nach folgenden Kriterien bewerten:

- Arbeitsgeschwindigkeit vor, nach und während des Positionswechsels.
- Perfekte Ausführung bei Einnahme und Halten der Positionen.
- Falls der Hund seine Ausgangsposition verlässt: Wie weit bewegt er sich?

Punktabzüge gibt es bei:

- Eine Position wurde nicht gezeigt: 3.
- Zwei Positionen wurden nicht gezeigt: 5.
- Hund überspringt eine Position: 5.
- Hund bewegt sich bis zu einer Körperlänge: 5.
- Hund setzt sich vor Kommando zur Endgrundstellung auf: 2.
- Der Hundeführer gibt überbetontes Hör- oder Sichtzeichen: 2.
- Erstes Zusatzkommando für einen Positionswechsel: 1.

Die Übung ist mit 0 Punkten zu bewerten:

- Wenn sich der Hund mehr als eine Körperlänge von der Ausgangsposition wegbewegt.

Trainings- und Wettkampftipps

Ausführliche Informationen zum Training der Kontrolle auf Distanz finden Sie im Kapitel „Elemente“ unter „Kontrolle auf Distanz“ (S. 60).

Übung 9: Apportieren eines Metall- oder Holzgegenstandes

- Erlaubte Anzahl der Kommandos, ohne einen Punktabzug zu erhalten: 4.
- Empfohlene Kommandos: *HOPP*, *BRING*, *AUS*, bei Vorsitz plus *FUSS*.

Übungsablauf

Der Hundeführer wird vom Steward in einem Abstand von 2–4 m vor der Hürde in die Grundstellung positioniert. Das Metall- oder Holzapportel wird vom Hundeführer über die Hürde geworfen. Nach Aufforderung des Stewards gibt der Hundeführer seinem Hund das Kommando zum Springen, Apportieren und Zurückspringen. Der Hund setzt sich mit seinem Apportel im Maul in Position vor oder neben den Hundeführer. Auf Anweisung nimmt der Hundeführer dem Hund das Apportel ab. Je nachdem, ob der Hund einen Vorsitz gezeigt hat oder nicht, wird das entsprechende Kommando gegeben, damit der Hund die Endgrundstellung einnehmen kann.

Die Hürde darf nicht breiter als 1 m und ohne Ausleger sein. Die Sprunghöhe ist abhängig von der Widerristhöhe und wird abgerundet auf die nächsten 10 cm, wobei die tatsächliche Sprunghöhe von 70 cm nie überschritten wird.

Vom Veranstalter werden Metall- und Holzapportiergegenstände in drei verschiedenen Größen und Gewichten zur Verfügung gestellt. Das maximale Gewicht bei den Metallapportiergegenständen liegt bei 200 g und bei den Holzapportiergegenständen bei 450 g. Die Wahl der Apportiergegenstände soll im Verhältnis zur Größe des Hundes stehen. Allerdings entscheidet schlussendlich der Hundeführer, welche Größe er für seinen Hund haben möchte.

Der Hundeführer muss das Bringkommando vor dem Sprungansatz des Hundes geben.

Wenn der Hund nach dem Apportel suchen muss, dürfen keine Punkte abgezogen werden, solange er dabei Arbeitswillen zeigt.

Zügig nimmt dieser Border Collie das Holzapportel auf und bringt es seinem Hundeführer.

Bewertung

Der OB-LR wird nach folgenden Kriterien bewerten:

- Die Arbeitsbereitschaft des Hundes.
- Startet der Hund vorzeitig?
- Tempo des Hundes.
- Berührt der Hund die Hürde beim Überspringen?
- Zeigt er einen Hin- und Rücksprung?
- Lässt der Hund das Apportel fallen? Wenn Ja, wann lässt er es fallen und hebt der Hund das Apportel auf oder der Hundeführer?
- Knautscht der Hund oder zerbeißt er das Apportel sogar?

Punktabzüge gibt es bei:

- Je Zusatzkommando: 2.
- Der Hundeführer gibt ein Kommando vor Anweisung des Stewards: 2.
- Hund startet vor Kommando: 2 bis 4.
- Der Hund berührt die Hürde: maximal 2.
- Der Hund lässt Apportel fallen: 3.
- Der Hundeführer lässt das Apportel bei der Abnahme fallen und hebt es auf: 3.
- Der Hund lässt das Apportel fallen und bekommt ein Kommando, es aufzuheben: 5.
- Der Hund lässt das Apportel fallen, der Hundeführer hebt es auf: 5.
- Knautschen: maximal 5.
- Hundeführer nimmt Apportel vor Anweisung des Stewards dem Hund ab: 2.
- Langsames Arbeiten: maximal 4.
- Schräge Endgrundstellung: maximal 2.

Die Übung ist mit 0 Punkten zu bewerten bei:

- Hund stützt sich auf der Hürde während des Sprunges ab.
- Hund zeigt Hin- oder Rücksprung nicht.
- Hürde fällt auf Grund der Belastung des Hundes um.
- Hund verlässt den Hundeführer, während das Apportel ausgeworfen wird.

Trainings- und Wettkampftipps

Ausführliche Informationen zum Training des Apports über die Hürde finden Sie im Kapitel „Elemente“ unter „Apport über die Hürde“ (S. 51).

Übung 10: Gesamteindruck

- Erlaubte Anzahl der Kommandos, ohne einen Punktabzug zu bekommen: entfällt.
- Empfohlene Kommandos: je nach Übung.

Übungsablauf

Wie auch in der Beginner-Klasse und Klasse 1 ist diese Übung kein eigenständiger Prüfungspunkt, sondern wird im Ablauf der Prüfung mitbeurteilt.

Bewertung

Der OB-LR wird nach folgenden Kriterien bewerten:

- Bereitschaft des Hundes zur Arbeit.
- Kommunikation zwischen Hundeführer und Hund.
- Faires Verhalten des Hundeführers.
- Verhalten des Teams zwischen den Übungen.

Punktabzüge gibt es bei:

- Keine Bindung zwischen Hundeführer und Hund erkennbar: 1 bis 3.
- Grobe Behandlung des Hundes: 3 bis 5.
- Hund verlässt während oder zwischen den Übungen den Hundeführer (auch nur bei einem Mal): 5.

Die Übung ist mit 0 Punkten zu bewerten bei:

- Unsportlichem Verhalten des Hundeführers.
- Der Hund gerät außer Kontrolle.
- Der Hund löst sich im Ring.

Klasse 3

Willkommen in der Königsdisziplin! In diesem Kapitel wird die Klasse 3 nach der Prüfungsordnung vom 1. Januar 2011 beschrieben. Um hier starten zu können, benötigen Obedience-Sportler eine vorzügliche Bewertung in der Klasse 2. Ist diese Eingangsvoraussetzung erfüllt, dürfen Sie ab sofort nicht nur in Deutschland in der Klasse 3 starten, sondern auch im Ausland in allen anerkannten FCI-Ländern. Dies gilt übrigens seit Kurzem auch für die Klassen 1 und 2. Das Reglement ist in all diesen Ländern gleich, Obedience-Sportler sind also optimal auf ausländische Wettbewerbe vorbereitet.

Besonderheiten der Klasse 3

In der Klasse 3 können alle Übungen in einer variablen Reihenfolge abverlangt werden. Dies wird aus spannungstechnischen, zeitlichen oder räumlichen Gründen so gehandhabt.

Bevor Ihre Prüfung beginnt, wählen Sie üblicherweise die Größe des Holzapportels für den Richtungsapport und losen die Richtungsposition des Holzapportels. Sie wählen die passende Größe des Metallapportels aus und zu guter Letzt kann es vorkommen, dass Sie auch die Position für das Hölzchen in der Geruchsunterscheidung losen. All diese Dinge geschehen in der Regel beim Richterzelt.

Bei allen Übungen in der Klasse 3 kommt der Hundeführer mit seinem unangeleinten Hund in den Ring. Zwischen den Übungen muss der Hund sich in der Nähe des Hundeführers aufhalten und unter Kontrolle sein. Die Einnahme der Fußposition ist nicht erforderlich.

Anders als in der Beginner-Klasse wird in der Klasse 3 der Hundeführer nicht mehr gefragt, ob er für die nächste Übung bereit ist. Hier bestimmt der Ringsteward den Beginn, in dem er die Weisung „Übung beginnt" ausgibt.

Eine Übung der Klasse 3 ist der Metallapport über die Hürde.

Dem Hundeführer ist es während einer Übung nicht gestattet, seinen Hund zu berühren oder in irgendeiner Weise besonders anzuspornen. Leichte Aufmunterungen in Form von Aussagen wie „Gut gemacht“ oder ein bis zwei Streicheleinheiten zwischen den Übungen sind erlaubt. Übertriebene Ermutigungen können zur Verwarnung mit der gelben Karte führen. Ist der Hund unwillig oder nicht in der Lage, eine Übung zu zeigen, ist der Leistungsrichter befugt, die Übung abzubrechen und mit null Punkten zu bewerten. Jault, winselt oder bellt der Hund während und/oder zwischen den Übungen und wird dadurch der Prüfungsablauf gestört, dann darf der Richter den Hund nach Verwarnung mit der gelben Karte auch mit der roten Karte von der weiteren Teilnahme ausschließen.

Hunde, die zu Beginn einer Übung winseln oder bellen, können mit mindestens einem Punkt Abzug bestraft werden.

Die Übung ist immer mit null Punkten zu bewerten, wenn der Hund den Hundeführer aus der Grundstellung nach Beginn der Übung, jedoch vor Anweisung des Teamführers verlässt. Ebenso wird die Übung mit null Punkten bewertet, wenn der Hundeführer beim Schicken aus der Grundstellung heraus ein Handzeichen gibt.

Jede Bestrafung des Hundes durch seinen Hundeführer führt zur Disqualifikation.

Wenn der Hundeführer seinen Hund bei Abruf- oder Apportierübungen wenig oder leicht berührt, führt dies zu einem Punkteverlust von ein bis zwei Punkten. Rennt der Hund in den Teamführer hinein und/oder prallen beide zusammen, sollen nicht mehr als sieben Punkte gegeben werden.

In der Klasse 3 gibt es keine Übung 11 (Gesamteindruck). Dies soll jedoch kein Freifahrtschein zu übermäßiger Maßregelung des Hundes sein. Der Leistungsrichter hat auch hier immer noch die Möglichkeit, bei unsportlichem Verhalten das Team zu disqualifizieren.

Übung 1: 2 Minuten sitzen ohne Sichtkontakt

- Erlaubte Anzahl der Kommandos, ohne einen Punktabzug zu erhalten: 2.
- Empfohlene Kommandos: *SITZ*, *WARTEN*.

Übungsablauf

Die Hundeführer stellen sich mit ihren unangeleinten Hunden in einer Reihe mit etwa 3 m Abstand voneinander in der Grundstellung auf. Der Steward eröffnet die Übung mit der Anweisung „Übung beginnt“. Nun begeben sich die Hundeführer in etwa 20 m Entfernung hinter einen Sichtschutz. Es kann auch sein, dass sie den Ring komplett verlassen und in ein Vereinsheim gehen sollen. Die Zeitmessung beginnt, wenn der letzte Hundeführer der Gruppe außer Sicht ist. Nach zwei Minuten verlassen alle das Versteck und stellen sich im Abstand von etwa 20 m gegenüber ihren Hunden auf. Nach Anweisung dürfen nun alle Hundeführer wieder zurück zu ihren Hunden gehen. Dort angekommen, nehmen sie die Grundstellung ein. Die Übung wird beendet, wenn der letzte Teilnehmer in dieser Gruppe ruhig neben seinem Hund steht.

Faires Verhalten gegenüber den anderen Gruppenmitgliedern ist in dieser Übung höchst wichtig. Jeder Hundeführer sollte versuchen, seinen Hund zeitgleich mit den anderen Teilnehmern für die Sitzübung zu positionieren. Die Stewards sind in der Regel bemüht, den Übungsbeginn so zu gestalten, dass alle Teams in angemessener Zeit Aufstellung nehmen können.

Eine Gruppe besteht aus mindestens drei und maximal sechs Hunden. In Ausnahmefällen darf eine Gruppe auch aus sieben Teilnehmern bestehen. Dies ist der Fall, wenn in einem Wettkampf die Anzahl der Hunde nicht durch sechs teilbar ist. Dann dürfen zwei der Gruppen aus sieben Hunden bestehen.

Zwei Minuten ohne Herrchen oder Frauchen können ja so lange sein!

Nach dem letzten Hörzeichen (beispielsweise *WARTEN*), darf kein weiteres Hör- oder Sichtzeichen gegeben werden.

Bewertung

Der OB-LR wird nach folgenden Kriterien bewerten:
- Zusatzkommandos.
- Ausführung der Position.
- Unruhe.
- Führerhilfen.

Punktabzüge gibt es bei:
- Je Kippen: 1.
- Hund bellt ein bis zwei Mal: maximal 2.
- Hund kriecht eine halbe Körperlänge: maximal 2,5.
- Hund kriecht eine Körperlänge: maximal 5.
- Teilbewertung: 5.

Wenn sich der Hund in der Rückkehrphase des Hundeführers vom *SITZ* in die Platzposition legen sollte, kann immer noch eine Teilbewertung mit 5 Punkten gegeben werden – vorausgesetzt, der Hundeführer ruft den Hund nicht zurück in die Sitzposition.

Jede Bewegung führt zur Punktereduzierung. Unruhiges Sitzen wie beispielsweise Verlagern des Gewichts von einer Seite zur anderen oder Heben der Füße wird mit Punktabzug bestraft. Es ist dem Hund erlaubt, seinen Kopf zu drehen. Bei Ablenkung oder Geräuschen von außerhalb des Rings darf der Hund Beachtung zeigen. Er darf aber keinesfalls einen ängstlichen oder unruhigen Eindruck machen.

Steht der Hund auf, wenn der Hundeführer aus dem Versteck herausgerufen wird, kann das Team noch eine Teilbewertung bekommen.

Sollte einer der Hunde aufstehen und ist dadurch eine Rauferei zu befürchten, dann wird der Leistungsrichter die Übung gegebenenfalls abbrechen und eine Wiederholung unter Ausschluss des Verursachers durchführen. Die Übung ist mit 0 Punkten zu bewerten bei:
- Positionswechsel; Ausnahme: Rückkehrphase des Hundeführers (siehe oben).
- Hund kriecht mehr als eine Körperlänge.

Trainings- und Wettkampftipps

In der Klasse 3 treten in der Regel ähnliche Probleme auf wie bei der vergleichbaren Übung „1 Minute sitzen mit Sichtkontakt“ in Klasse 2. Im passenden Kapitel (S. 99) finden Sie alle Trainingstipps.

Übung 2: 4 Minuten liegen in der Gruppe ohne Sichtkontakt mit Ablenkung

- Erlaubte Anzahl der Kommandos, ohne einen Punktabzug zu erhalten: 2.
- Empfohlene Kommandos: *PLATZ, WARTEN, SITZ.*

Übungsablauf

Die Hundeführer stellen sich mit ihren unangeleinten Hunden in einer Reihe von etwa 3 m Abstand zueinander in Grundstellung auf. Nach Anweisung des Stewards „Übung beginnt" wird er von links nach rechts jedes Team nacheinander auffordern, den Hund in die Platzposition zu bringen. Sobald alle Hunde liegen, begeben sich die Hundeführer nach Aufforderung durch den Steward in ein Zelt, hinter einen Sichtschutz oder ins Vereinsheim.

Während die Hundeführer im Versteck sind, lenkt der Steward die Hunde nach circa eineinhalb Minuten ab. Er wird vor oder hinter den Hunden hin und in Schlangenlinien durch die Hunde zurückgehen. Nachdem vier Minuten vorbei sind, gibt der Steward den Hundeführern die Anweisung, aus dem Versteck hervorzutreten. Haben alle ihre Position auf Höhe des Stewards eingenommen, dürfen sie nach weiterer Anweisung in Richtung ihres Hundes gehen. Die Hundeführer laufen an ihren Hunden vorbei und stellen sich etwa 3 m dahinter in einer Reihe auf. Sobald alle Teilnehmer ruhig stehen, werden sie aufgefordert, auf die rechte Seite ihres Hundes zurückzutreten. Nun gibt der Steward in umgekehrter Reihenfolge, also von rechts nach links, jedem Hundeführer einzeln die Anweisung, seinen Hund in die Sitzposition zu kommandieren. Stehen alle Teams, wird die Übung durch den Steward beendet.

Steht ein Hund auf und verlässt vorzeitig seinen Platz, kommt der Hundeführer nach Anweisung des Stewards schweigend aus dem Sichtschutz heraus und nimmt seinen Hund zur Seite, um ein Stören der noch abliegenden Hunde zu vermeiden.

Viele Kriterien der Übung 2 sind denen der Übung 1 ähnlich, dort finden Sie ausführliche Infos dazu.

Tipp:
Sollte sich Ihr Hund auf das Kommando des Nachbarn vorzeitig in die Platzposition legen, dann lassen Sie den Hund ohne Korrektur in seiner eingenommenen Position liegen. Dies wird „nur" mit Punktabzug geahndet. Ein erneutes Aufsitzen (und Ablegen) würde jedoch eine Bewertung mit null Punkten bedeuten.

Bewertung

Der OB-LR wird nach folgenden Kriterien bewerten:
- Zusatzkommandos.
- Ausführung der Position.
- Unruhe.
- Führerhilfen.

Punktabzüge gibt es bei:
- Je Kippen: 1.
- Je Zusatzkommando: 2.
- Hund arbeitet vorzeitig: 2.
- Überlaute Kommandos: 2.
- Hund liegt schräg: maximal 1.
- Hund bellt gelegentlich: maximal 2.
- Hund kriecht eine halbe Körperlänge: maximal 2,5.
- Hund kriecht eine Körperlänge: maximal 5.
- Schräge Endgrundstellung: maximal 2.
- Teilbewertung: 5.

Merke:
Ein Hund, der in Seitenlage abgelegt wird, kann nicht mehr als sieben Punkte erhalten.

Die Übung ist mit 0 Punkten zu bewerten:
- Wenn der Hund aufsteht, aufsitzt oder mehr als eine Körperlänge kriecht.
- Hundeführer gibt nach Wartekommando weitere Hör- oder Sichtzeichen.

Trainings- und Wettkampftipps

Statt der normalen Platzposition ist es auch erlaubt, die Downposition (Platz mit auf dem Boden abgelegtem Kopf zwischen den Vorderbeinen) zu zeigen. Bei dieser Ausführung ist es dem Hund ebenfalls ohne Punktabzug erlaubt, den Kopf bei Geräuschen anzuheben und auch wieder abzulegen. Diese alternative Präsentation (Down) ist besonders bei Hunden empfehlenswert, die gerne schnüffeln. Denn so können Sie Ihrem Drang, sich mit der Umgebung vertraut zu machen, nachkommen und sind dabei trotzdem in einer korrekten Position.

Falls der Hund in der Platzposition dazu neigt, zur Seite zu kippen, können Sie die Pendelübung anwenden (siehe Kapitel „Beginner-Klasse“ unter „Übung 4“, S. 79).

Auch wenn der Hund jammert oder bellt, kann die Pendelübung helfen. Es ist dabei nicht nötig, dass Sie jedes Mal nach dem Verlassen Ihres Hundes in den Sichtschutz gehen. Besser ist es, Sie bewegen sich möglichst unvorhersehbar für Ihren Hund. Selbst wenn Sie mal das Versteck aufsuchen, sollten Sie dort unterschiedlich lang verharren. Wichtig bei der ganzen Aktion ist, dass Sie Ihre Rückkehrintervalle so geschickt terminieren, dass der Hund das unerwünschte Verhalten nie zeigen kann. Bestätigen Sie jedes gute Verhalten überschwänglich. Merken Sie, dass das überschwängliche Loben zu starker Unruhe führt, dann loben Sie ruhiger.

Übung 3: Freifolge Fußarbeit

- Erlaubte Anzahl der Kommandos, ohne einen Punktabzug zu erhalten: abhängig vom Laufschema.
- Empfohlenes Kommando: *FUSS*.

Übungsablauf

Das Mensch-Hund-Team soll sich hier in höchster Perfektion präsentieren. Das Laufschema ist am Tag des Wettkampfs für alle Teams dieser Klasse gleich. Der Hund soll stets mit seiner Schulter auf Höhe des Knies des Hundeführers in paralleler Linie bleiben. Die deutsche Kehrtwendung ist ebenso erlaubt wie die Kehrtwendung, bei der der Hund sich ständig auf Höhe des linken Beines befindet. Es bleibt dem Hundeführer überlassen, ob er die Kehrtwendung links- oder rechtsherum zeigt. Bei einer Kehrtwendung ist darauf zu achten, dass der Hundeführer ungefähr auf der gleichen Linie zurückgeht, wie er gekommen ist. Wendungen nach links oder rechts müssen im rechten Winkel (90°) gezeigt werden. Die Arme des Hundeführers sollen einer natürlichen Armbewegung ähneln und dabei neben dem Körper pendeln. Ein sehr leichtes Anwinkeln der Arme ist bei großen Hunden erlaubt.

Folgende Inhalte können im Laufschema vorkommen:
- Im Normal-, Lauf- und langsamen Schritt geradeaus gehen.
- Je Tempo ein rechter, ein linker Winkel und eine Kehrtwendung.
- Anhalten aus dem langsamen Schritt und aus Normalschritt.
- Sternschritte (zwei bis drei Schritte nach rechts und nach links, zwei bis drei Schritte vor- oder zurückgehen).
- Vierteldrehung (90°) und/oder halbe Umdrehungen (180°), links- oder rechtsherum.

- Kombinationsschritte auf der Stelle sind möglich.

Zeigt der Hundeführer Kehrtwendungen, dann soll er auf der gleichen Linie zurückgehen, auf der er vor der Wendung gegangen ist.

Bewertung

Der OB-LR wird nach folgenden Kriterien bewerten:

- Zusatzkommandos.
- Ausführungen der Position.
- Führerhilfen.
- Tempowechsel.
- Kehrwendungen.
- Winkel.

Punktabzüge gibt es bei:

- Hund läuft nicht parallel zum Hundeführer: 2.
- Je Zusatzkommando: 0,5.
- Hund bedrängt den Hundeführer stark: 3 bis 4.
- Hund hängt nach: 3 bis 4.
- Hund zeigt keinen Arbeitseifer: 3 bis 4.

Um einen Punkteverlust bei den Sternschritten nach links oder rechts zu vermeiden, sollte der Hundeführer seine Schultern und den Kopf dabei nicht bewegen.

Wird der Hundeführer während oder nach dem Winkel oder der Wendungen langsamer oder hält sogar an, führt dies zu Punkteverlust.

Die Übung ist mit 0 Punkten zu bewerten:

- Der Hund verliert über den größten Teil der Übung den Anschluss zum Hundeführer.
- Der Hundeführer wird vom Hund während der Präsentation verlassen.

Trainings- und Wettkampftipps

Bei der Übung „Freifolge Fußarbeit“ sind folgende Probleme zu sehen:

- Der Hund zeigt keine oder schiefe Grundstellung.

Dieses Team zeigt im Rahmen der Freifolge Fußarbeit zwei Schritte nach rechts.

- Der Hund läuft bei den Sternschritten nicht parallel zum Hundeführer.
- Der Hund bedrängt den Hundeführer.
- Der Hund hängt nach.

Lösungsvorschläge finden Sie im Kapitel „Elemente: Die Fußarbeit“ (S. 30).

Übung 4: Steh, Sitz und Platz aus der Bewegung

- Erlaubte Anzahl der Kommandos, ohne einen Punktabzug zu erhalten: 7.
- Empfohlene Kommandos: *FUSS* (4 x), *STEH*, *SITZ*, *PLATZ*.

Übungsablauf

Die Reihenfolge der Positionen wird dem Hundeführer am Beginn des Wettkampfes und eventuell noch einmal am Startpunkt mitgeteilt. Von dort angehend wird der Hundeführer nach etwa 5 m angewiesen, seinem Hund das Kommando für die erste Position zu geben. Der Hundeführer geht geradeaus weiter und wendet an der Markierung gegen den Uhrzeigersinn, um dann an seinem Hund in einem Abstand von etwa 0,5 m vorbei zu laufen. Etwa 2 m hinter dem Hund erhält der Hundeführer erneut die Anweisung zu wenden. Anschließend nimmt er seinen Hund mit Hilfe eines Fußkommandos aus der Bewegung mit. Das Team geht nun bis zur nächsten Markierung weiter, es folgt ein rechter oder

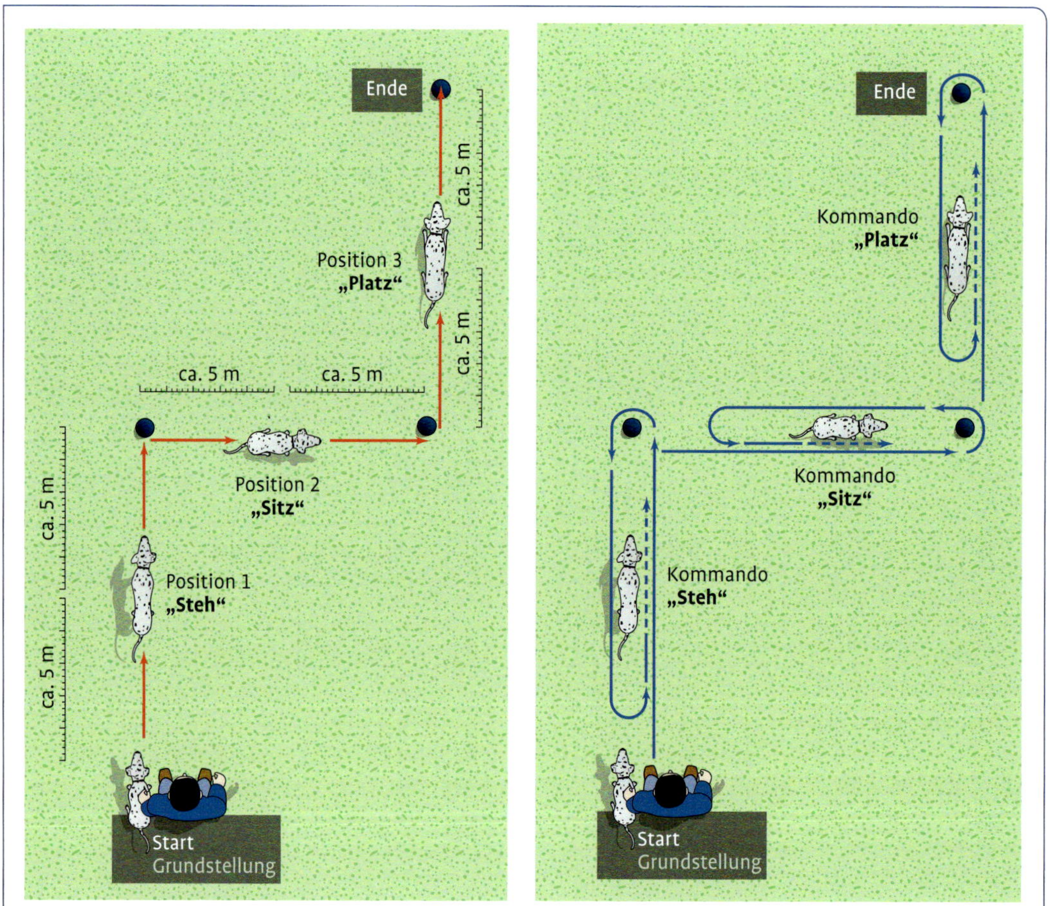

Schematischer Übungsaufbau und Gangschema der Übung „Steh, Sitz und Platz aus der Bewegung“.

linker Winkel. Ungefähr 5 m nach dem Winkel wird vom Steward die nächste Position gefordert. Nach Einnahme dieser Position führt der Hundeführer die Übung fort, wie bereits bei der Einnahme der ersten Position. Das Ganze wiederholt sich dann bei der dritten Positionseinnahme. Jede Position wird einmal verlangt.

Die Abfolge der Rechts- und Linkswinkel sowie die Reihenfolge der geforderten Positionen (Steh, Sitz und Platz) bestimmt der Leistungsrichter und kann von Wettkampf zu Wettkampf variieren. Der Fairness halber soll der Ablauf am selben Wettkampftag für alle Starter der Klasse 3 gleich sein. Bei der Positionseinnahme soll ein Abstand des Hundes von circa 0,5 m parallel zur imaginären Linie zwischen den Start-, Wende- und Endpunkten bestehen. Die Größe des Hundes wird bei der Ausführung berücksichtigt. Die Punkte, an denen die Winkel nach rechts oder links ausgeführt werden sollen, werden mit Halbkugeln oder Kegeln markiert. Der Hundeführer soll die Markierung immer an der rechten Seite passieren. Die Winkel sollen 90° betragen und nicht abgerundet werden. Der Hundeführer wird vom Steward bei dieser Übung im Normalschritt geschickt. Das Team soll die Ansagen des Stewards abwarten und erst dann die geforderte Aktion zeigen.

Bewertung

Der OB-LR wird nach folgenden Kriterien bewerten:

- Zusatzkommandos.
- Führerhilfen.
- Ausführungen der Positionen (Arbeitsweise).
- Fußarbeit.
- Anschluss fehlerhaft.

Punktabzüge gibt es bei:

- Je Zusatzkommando bzw. Führerhilfe: 2.
- Verzögerte Annahme eines Kommandos: maximal 2.
- Schräge Positionsausführung: maximal 2.
- Der Hund kippt nach Einnahme der Position im Sitz oder Platz: 1.
- Der Hund wechselt nach Einnahme der Position die Haltung: 2.
- Der Hund nimmt falsche Position ein: 3.
- Der Hund folgt dem Hundeführer bei einer Positionsansage: 4.
- Der Hund geht nicht parallel in der Fußposition: maximal 2.
- Fußarbeit von geringer Qualität: maximal 5.
- Schräge Endgrundstellung: maximal 2.

Nimmt der Hund eine andere Position ein als gefordert, geben Sie kein Hörzeichen zur Verbesserung, da diese Position in der Bewertung bereits abgezogen wurde. Jedes weitere Hörzeichen zur Änderung oder Verbesserung führt zu weiteren Punktverlusten.

Merken Sie, dass Ihr Hund die verlangte Position nicht eingenommen hat und Ihnen folgt, geben Sie ein weiteres Hörzeichen, bevor Sie den Wendepunkt erreicht haben. So erhalten Sie nur einen Verlust von zwei zusätzlichen Punkten. Geht Ihr Hund aber vollständig mit, wird die komplette Übung mit null Punkten bewertet.

Schauen Sie sich nicht offensichtlich um, um zu kontrollieren, ob Ihr Hund die geforderte Position eingenommen hat, denn auch das führt zu Punktabzug.

Die Übung ist mit 0 Punkten zu bewerten:

- Wenn der Hund nicht an der geforderten Position anhält, bevor der Hundeführer am Wendepunkt die Kehrtwendung vollzieht.
- Wenn mehr als zwei Positionen fehlerhaft sind.

Trainings- und Wettkampftipps

Anregungen für das Training dieser Übung können Sie im Kapitel „Beginner-Klasse“ unter „Übung 7: Sitz aus der Bewegung“ (S. 82) nachlesen.

Übung 5: Heranrufen mit Steh und Platz

- Erlaubte Anzahl der Kommandos, ohne einen Punktabzug zu erhalten: 7 bzw. 8.
- Empfohlene Kommandos: *PLATZ*, *WARTE*, *HIER* (3x), *STEH*, *PLATZ*, bei Vorsitz plus *FUSS*.

Übungsablauf

Der Hundeführer bringt nach Anweisung des Stewards seinen Hund aus der Grundstellung in die Platzposition. Daraufhin verlässt er seinen Hund auf eine Distanz von 30–35 m in die angegebene Richtung. Dort angekommen, dreht er sich ohne weitere Aufforderung zum Hund um. Auf Stewardanweisung ruft der Hundeführer seinen Hund ab. Nach dem ersten Drittel der Strecke (auf Höhe der aufgestellten Markierung), gibt der Hundeführer seinem Hund eigenständig das Kommando für die Stehposition. Nach weiterer Ansage des Stewards wird der Hund erneut herangerufen. Auf Höhe des zweiten Drittels gibt der Hundeführer eigenständig das Kommando für die Platzposition. Nach dem zweiten Stoppen wird auf Anweisung des Stewards der Hund in die Grundstellung gerufen. Dies kann auf direktem Wege oder über den Vorsitz und der darauffolgenden Fußposition geschehen. Der Steward beendet die Übung.

Hör- und Sichtzeichen dürfen in beliebiger Abfolge eingesetzt werden. Die Hörzeichen sollten einsilbig gesprochen und nicht lang gezogen gerufen werden. Hör- und Sichtzeichen dürfen nicht gleichzeitig gegeben werden. Die Geschwindigkeit des Hundes soll der Rasse entsprechend sein. Langsames Herankommen des Hundes zum Hundeführer gilt als Fehler.

Als einzige Übung in der Klasse 3 ist es hier erlaubt, vor dem ersten Rufen den Namen des Hundes voranzustellen. Es darf dabei aber nicht der Eindruck entstehen, dass es sich hierbei möglicherweise um zwei separate Kommandos handelt.

Um den Hund auf Entfernung abzubremsen, kann eine bewusst eingesetzte Körpersprache gute Dienste leisten.

Bewertung

Der OB-LR wird nach folgenden Kriterien bewerten:
- Freudige Arbeitsweise.
- Zusatzkommandos.
- Gleichmäßige Geschwindigkeit beim Heranlaufen zwischen jedem Anhalten.
- Reaktionsschnelligkeit bei der Kommandoannahme und Kommandoumsetzung.
- Endgrundstellung.

Punktabzüge gibt es bei:
- Je Zusatzkommando: 2.
- Der Hundeführer gibt Kommando vor Anweisung des Stewards: 2.
- Der Hund zeigt eine falsche Position: 3.
- Der Hund zeigt eine Position zu spät: 4.
- Der Hund verändert vor dem ersten Abrufen seine Position: 3.
- Der Hund läuft bei einer Position durch: 5.
- Der Hund benötigt mehr als drei Abrufhörzeichen: 4.
- Der Hund führt die Übung träge aus: maximal 3.
- Der Hund zeigt eine schräge Endgrundstellung: maximal 2.

Um die volle Punktzahl für einen Stopp zu erhalten, darf sich der Hund zwischen der Kommandoansage und der Ausführung nicht mehr als eine Hundekörperlänge bewegen. Besonders schnellen Hunden wird eine Toleranzgrenze der Umsetzung des Kommandos zugestanden. Um überhaupt Punkte für eine Position zu erhalten, ist es notwendig, dass der Hund zur Durchführung des Kommandos bis zum tatsächlichen Anhalten nicht mehr als drei Körperlängen benötigt.

Die Übung ist mit 0 Punkten zu bewerten:
- Der Hund bewegt sich noch vor dem ersten Abrufen mehr als eine Körperlänge von der Ausgangsposition.
- Der Hund befolgt die Aufforderung beider Stopps nicht oder zeigt sie in verkehrter Reihenfolge.
- Der Hund kommt, bevor er gerufen wird.
- Der Hund bewegt sich langsamer als im Trab.
- Der Hund benötigt mehr als drei Kommandos zum Abrufen (unabhängig aus welcher Position).

Trainings- und Wettkampftipps

Zahlreiche Trainingsvarianten finden Sie im Kapitel „Elemente“ unter „Abrufen mit Steh und Platz“ (S. 42).

Um den Hund schnell zum Bremsen zu bewegen, kann man zum nachdrücklichen Augenkontakt noch leicht mit den Schultern nach vorne wippen.

Übung 6: Voraussenden mit Richtungsanweisung, stoppen und abrufen

- Erlaubte Anzahl der Kommandos, ohne einen Punktabzug zu erhalten: 5 bzw. 6 .
- Empfohlene Kommandos: *PYLON*, *STEH*, *LINKS* oder *RECHTS*, *STEH*, *PLATZ*, bei Vorsitz plus *FUSS*.

Übungsablauf

Diese Übung wird umgangssprachlich auch „Richtungsbox“ genannt.

Der Hund wird nach Ansage des Stewards zu einer etwa 10 m weit entfernten Halbkugel geschickt. Die Halbkugel steht in der Mitte eines Kreises mit einem Radius von 2 m. Der Hund muss nach dem Anhalten an der Halbkugel mit allen vier Pfoten im Kreis stehen. Nach ungefähr drei Sekunden erhält der Hundeführer die Weisung vom Steward, seinen Hund entweder nach links oder nach rechts in das dort aufgestellte Quadrat mit einer Größe von 3 × 3 m zu schicken. Der Hund soll das Quadrat auf kürzestem Weg ansteuern und von vorne betreten. Dort angekommen, muss der Hundeführer selbstständig seinen Hund in

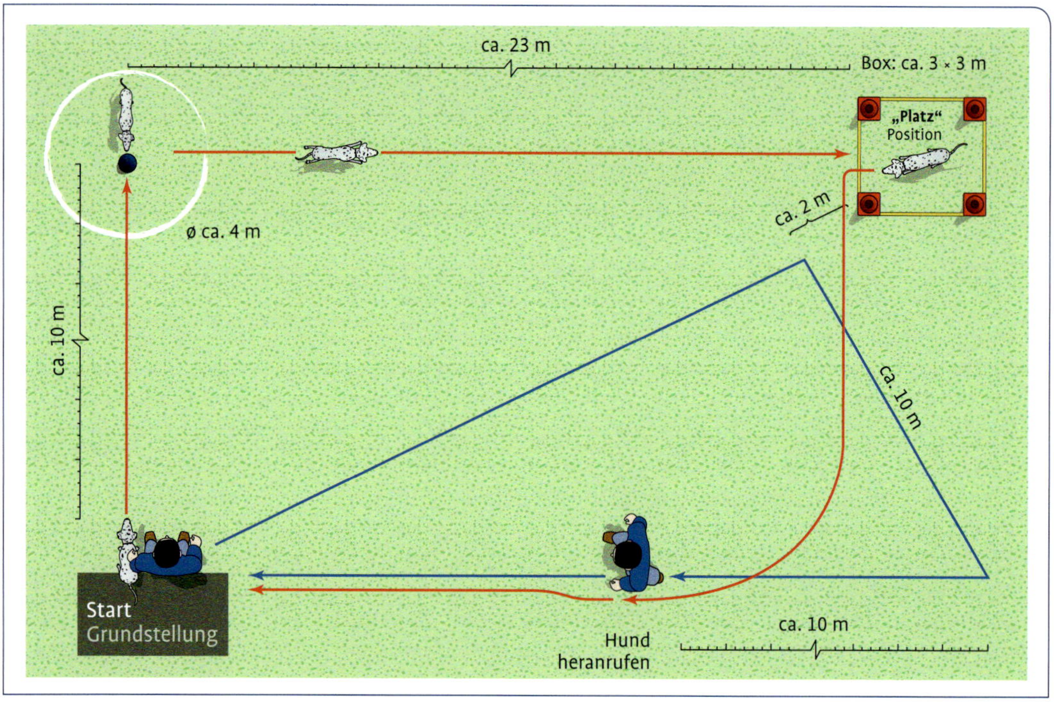

Der Weg von Hundeführer und Hund beim Voraussenden mit Richtungsanweisung, stoppen und abrufen. In diesem Beispiel liegt die „Box“ (das Quadrat) auf der rechten Seite.

die Platzposition kommandieren oder ihn mit einem Stoppkommando anhalten und dann nach einem weiteren Kommando in die Platzposition bringen. Nun bewegt sich der Hundeführer nach Ansage des Stewards in Richtung Hund. Etwa 2 m vor der Box bekommt der Hundeführer die Weisung, einen Winkel nach rechts (wenn die Box auf der rechten Seite steht) oder nach links (wenn die Box links von der Halbkugel aufgestellt wurde) zu gehen. Nach ungefähr 10 m bekommt der Hundeführer die Anweisung, zurück zum Ausgangspunkt zu gehen. Nach wiederum etwa 10 m wird der Hundeführer angewiesen, seinen Hund in die Fußposition zu rufen. Dabei hat der Hundeführer im normalen Tempo weiterzugehen. Nach dem Anschluss des Hundes gehen beide weiter bis zum Ausgangspunkt. Dort werden sie zum Anhalten angewiesen.

Bewertung

Der OB-LR wird nach folgenden Kriterien bewerten:

- Freudige Arbeitsweise.
- Zusatzkommandos.
- Gleichmäßige Geschwindigkeit im gesamten Übungsverlauf.
- Ausführung der Positionen.
- Anschluss und Fußarbeit.
- Endgrundstellung.

Punktabzüge gibt es bei:

- Je Zusatzkommando: 2.
- Übertriebene Kommandos/Körpersprache: 2.
- Der Hundeführer gibt Kommando vor Anweisung des Stewards: 2.
- Der Hund nimmt selbstständig das Stehkommando an der Halbkugel oder das Platzkommando im Quadrat ein: 2.
- Falsche Position im Kreis des Kegels: 2.

- Der Hund bewegt sich im Quadrat: 3.
- Der Hund verändert seine Position, nachdem der Hundeführer den zweiten Winkel gelaufen ist: 5.
- Der Hund führt die Übung träge aus: maximal 4.
- Der Hund nimmt selbstständig die Endgrundstellung vor Anhalten des Hundeführers ein: 2.
- Der Hund zeigt eine schräge Endgrundstellung: maximal 2.

Übertriebenes Anzeigen der Richtung in die Box führt zu Punkteverlust. Vermeiden Sie zu langes Anzeigen! Der Arm soll nicht länger die Richtung anzeigen, als das Wort gesprochen wird. Der Oberkörper sollte dabei gerade bleiben.

Die Übung ist mit 0 Punkten zu bewerten bei:

- Richtung anzeigen vor der Übung.
- Der Hund liegt oder sitzt außerhalb des Kreises an der Pylone/Halbkugel.
- Der Hund steht nicht mit allen vier Pfoten im Kreis.
- Der Hund liegt außerhalb der Box.
- Der Hund verändert seine Position vor dem zweiten Winkel.
- Der Hundeführer benötigt ein drittes Kommando für dieselbe Aufgabe.
- Der Hund läuft vor dem Abrufen aus der Box.
- Veränderung der Grundstellung des Hundeführers.

Da bin ich wieder! Dieser Labrador hat soeben schön zu seiner Hundeführerin aufgeschlossen.

Trainings- und Wettkampftipps

Passen Sie Ihre Art des Zugehens auf den Hund, während er in der Box liegt, seinem Typ an. Neigt er dazu, Ihnen entgegen zu laufen, dann halten Sie ihn mit Ihren Blicken fest. Gehört Ihr Hund zum ausweichenden Typus, sollten Sie ihm lieber nicht so tief in die Augen schauen. Er könnte sonst Meideverhalten zeigen.

Wenn Sie Ihren Hund zu sich heranrufen, ist es gestattet, den Kopf über die linke Schulter zu drehen, damit der Hund Sie besser hören kann. Auch hilft diese Kopfbewegung vielen Hunden, gleich die richtige Position einzunehmen und nicht erst über die rechte Seite des Hundeführers vorne herum in die Fußposition zu laufen.

Um einen schönen Anschluss präsentieren zu können, ist es hilfreich, das Gehtempo nach dem zweiten Winkel leicht zu reduzieren. Viele Hundeführer werden erst nach dem Rufen des Hundes langsamer – das ist natürlich für den Richter offensichtlich.

Manche Hunde führen das Anhalten bei der Pylone, das Stehen in der Box oder das Hinlegen eigenständig aus. Ist das der Fall, sollte der Hundeführer seinen Vierbeiner genau beobachten und entsprechend den optimalen Zeitpunkt für die Kommandogabe abpassen: So wirkt es für den Richter, als sei die Positionseinnahme nach Ansage des Hundeführers geschehen. Ist das nicht der Fall, führt das eigenständige Arbeiten des Hundes zum Punkteverlust.

Indem Sie Ihrem Hund vor Übungsbeginn die jeweilige Körperseite streicheln, auf der die Box aufgebaut ist, zeigen Sie ihm die Richtung der Box an. Diesen Trick müssen Sie natürlich vorab im Training geübt haben. Auch ein lautes Ansagen des Kommandos für die Richtungsanweisung vor Übungsbeginn kann dem Hund helfen.

Übung 7: Apportieren mit Richtungsanweisung

- Erlaubte Anzahl der Kommandos, ohne einen Punktabzug zu erhalten: 5 bzw. 6.
- Empfohlene Kommandos: *PYLON*, *STEH*, *LINKS* oder *RECHTS*, *BRING*, *AUS*, bei Vorsitz plus *FUSS*.

Übungsablauf

Bereits nach dem Betreten des Rings werden der Auslagepunkt (rechts oder links) der Bringhölzer ausgelost. Dies geschieht üblicherweise am Richterzelt. Sie haben die Wahl zwischen drei verschiedenen Größen und Gewichten.

Nach der Erklärung des Stewards, dass die Übung beginnt, werden auf einer Distanz von 20 m im Abstand von etwa 5 m in einer Reihe drei Bringhölzer deutlich ausgelegt. Der Hund soll nach dem Kommando des Hundeführers zuerst zur 10 m entfernten Halbkugel laufen und dort anhalten. Dort angekommen, schickt der Hundeführer den Hund nach Anweisung des Stewards weiter zum vorab zuerst ausgelegten Holzapportels. Der Hund sollte nun das Apportel zügig aufnehmen und ohne es zu knautschen auf direktem Wege zum Hundeführer bringen. Der Hund kann nach der Rückkehr einen Vorsitz mit dem Bringholz im Maul zeigen oder direkt in die Grundstellung gehen. Die Aufforderung zur Übergabe des Apportels an den Hundeführer erfolgt nach Anweisung des Stewards. Die Übung wird danach vom Steward beendet.

Bewertung

Der OB-LR wird nach folgenden Kriterien bewerten:

- Arbeitswilligkeit.
- Lenkbarkeit.
- Geschwindigkeit.

Schematischer Übungsablauf von „Apportieren mit Richtungsanweisung". Der Hund soll das Apportel bringen, das zuerst ausgelegt wurde. Auf welcher Seite es liegt, wird vorab ausgelost.

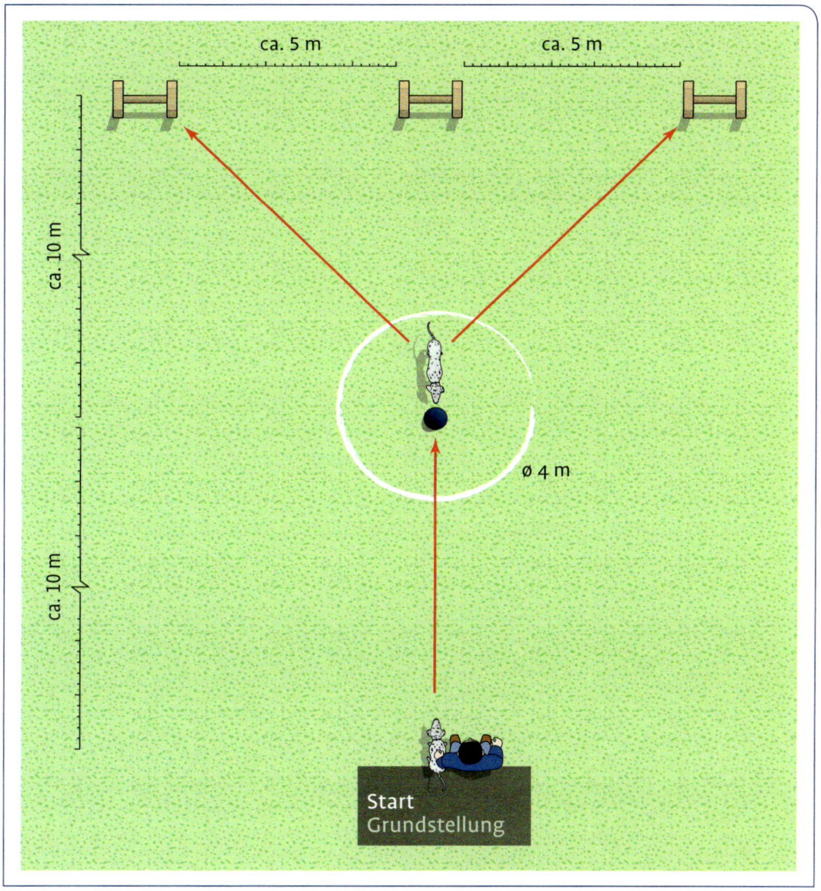

- Kürzester Weg zum Bringholz und zum Hundeführer.
- Vor Übungsbeginn: Anzeige der Richtung.
- Aufnahme des Apportels.
- Übergabe des Apportels an den Hundeführer.
- Fallenlassen des Apportels.
- Zusatzkommandos.
- Endgrundstellung.

Um viele Punkte zu erhalten ist es wichtig, dass der Hund komplett mit allen vier Pfoten im Kreis an der Markierung steht.

Punktabzüge gibt es bei:

- Je Zusatzkommando: 2.
- Hundeführer arbeitet vor Anweisung des Stewards: 2.
- Falsche Position am Kegel im Kreis: 2.
- Knautschen: 3 bis 5.
- Fallenlassen des Apportels, Aufnahme ohne weiteres Kommando: 3.
- Fallenlassen des Apportels, Aufnahme mit weiterem Kommando: 5.
- Fallenlassen des Apportels, Hundeführer hebt es selbstständig auf, ohne Grundstellung zu verändern: 5.
- Der Hundeführer lässt das Apportel bei der Abnahme fallen und hebt es selber auf: 3.
- Langsame Ausführung der Übung: maximal 4.
- Schräge Endgrundstellung: maximal 2.

Die Übung ist mit 0 Punkten zu bewerten:
- Der Hundeführer zeigt die Richtung vor Übungsbeginn an.
- Der Hund befindet sich außerhalb des Kreises an der Pylone.
- Der Hund nimmt das falsche Holz auf.
- Frühstart.

Trainings- und Wettkampftipps

Lässt Ihr Hund das Apportel in der Grundstellung neben Ihnen fallen, warten Sie kurz ab, ob er es selbstständig ohne ein weiteres Kommando wieder aufhebt. Das würde den geringsten Punkteverlust bedeuten. Im anderen Falle hebt der Hundeführer es selber auf, und zwar ohne weitere Hörzeichen und ohne die Grundstellung zu verändern.

Viele Trainingstipps zum Apport im Allgemeinen und dem Richtungsapport im Speziellen finden Sie im Kapitel „Elemente" unter „Apportieren" (S. 45) und unter „Richtungsapport" (S. 63).

Beim Metallapport darf der Gegenstand zwischen 100 und 200 g wiegen.

Übung 8: Sprung über die Hürde mit Metallapport

- Erlaubte Anzahl der Kommandos, ohne einen Punktabzug zu erhalten: 2 bzw. 3.
- Empfohlene Kommandos: *HOPP*, *AUS*, bei Vorsitz plus *FUSS*.

Übungsablauf

Vor dem Start wählen Sie am Richterzelt ein Metallapportel aus drei verschiedenen Größen aus. Die Apportel werden vom Veranstalter zur Verfügung gestellt und wiegen zwischen 100 und 200 g.

Bevor Sie Ihren Hund über die Hürde schicken, kontrollieren Sie die Höhe der Hürde. Stimmt Sie kaufmännisch gerundet auf 10 cm mit der Widerristhöhe Ihres Hundes überein?

Der Hundeführer stellt sich mit seinem Hund in einem Abstand von ungefähr 3 m vor der Hürde in Grundstellung auf. Auf Anweisung des Stewards wirft der Hundeführer das Metallapportel über die Hürde. Nach weiterer Anweisung schickt er seinen Hund mit einem Hörzeichen über die Hürde. Der Hund soll die Hürde überspringen, ohne sie zu berühren, zügig die Metallhantel aufnehmen, mit einem Rücksprung zu seinem Hundeführer zurückkehren und das Apportel überbringen. Die Übergabe kann über einen Vorsitz geschehen oder über die direkte Einnahme der Grundstellung. Sollte der Hund einen Vorsitz zeigen, darf der Hundeführer nach Anweisung ein weiteres Hörzeichen für die Einnahme der Grundstellung geben.

Merke:
Das Bring- oder Hoppkommando muss vor dem Absprung gegeben werden. Für den Rücksprung darf kein weiteres Hörzeichen erfolgen!

Bewertung

Der OB-LR wird nach folgenden Kriterien bewerten:
- Berühren der Hürde.
- Hin- und Rücksprung.
- Fallenlassen des Apportels.
- Knautschen oder Beißen des Apportels.
- Arbeitsgeschwindigkeit.
- Endgrundstellung.
- Frühstart.

Punktabzüge gibt es bei:
- Je Zusatzkommando: 2.
- Der Hundeführer gibt vor Anweisung des Stewards ein Kommando: 2.
- Der Hund berührt die Hürde: maximal 2.
- Der Hund lässt das Apportel fallen: 3.
- Der Hundeführer lässt das Apportel bei der Abnahme fallen und hebt es auf: 3.
- Der Hund lässt das Apportel fallen und bekommt ein Kommando, um es aufzuheben: 5.
- Der Hund lässt das Apportel fallen, der Hundeführer hebt es auf: 5.
- Knautschen: maximal 5.
- Der Hundeführer nimmt dem Hund das Apportel vor Anweisung des Stewards ab: 2.
- Langsames Arbeiten: maximal 4.
- Schräge Endgrundstellung: maximal 2.

Wenn Sie während der Prüfung merken, dass Ihr Hund keinen Rücksprung zeigen will, geben Sie vorsichtshalber ein Zusatzkommando. So erhalten Sie nur zwei Punkte abgezogen.

Die Übung ist mit 0 Punkten zu bewerten:
- Der Hund arbeitet vor Anweisung des Hundeführers.
- Der Hund stützt sich beim Sprung auf der Hürde auf.
- Der Hund zeigt keinen Hin- oder Rücksprung.
- Der Hund lässt das Apportel zwei Mal fallen.

Trainings- und Wettkampftipps

Detaillierte Trainingstipps zum Sprung über die Hürde finden Sie im Kapitel „Elemente“ unter „Apport über die Hürde“ (S. 51).

Übung 9: Identifizieren eines Gegenstandes und Apportieren

- Erlaubte Anzahl der Kommandos, ohne einen Punktabzug zu erhalten: 2 bzw. 3.
- Empfohlene Kommandos: *SUCH*, *AUS*, bei Vorsitz plus *FUSS*.

Übungsablauf

Der Hundeführer stellt sich in Grundstellung auf. Die Übung beginnt, sobald der Steward dem Hundeführer das Geruchshölzchen zum Markieren übergibt. Nach dem Markieren darf der Hundeführer das Geruchsholz noch ungefähr fünf Sekunden in der Hand halten. Nachdem der Steward das Hölzchen übernommen hat, wird der Hundeführer aufgefordert, sich umzudrehen. Der Hundeführer entscheidet, ob sein Hund beim Auslegen der Gegenstände zuschaut oder nicht. Hier darf der Hundeführer ein Wartekommando oder Fußkommando geben (je nach Ausführungsart). Mit einer Zange legt der Steward in circa 10 m Entfernung das Geruchshölzchen des Hundeführers aus. Fünf weitere, gleichartige Gegenstände werden mit der Hand in einem Abstand von etwa 25 cm neben dem bereits ausgelegten Geruchshölzchen auf dem Boden positioniert. Es bleibt den Steward überlassen, ob er die Geruchshölzchen in Form eines Kreises oder in einer horizontalen Linie auslegt. Nun fordert der Steward den Hundeführer auf, sich umzudrehen und seinen Hund mit einem Kommando zum Apportieren des markierten Gegenstandes loszuschicken. Der Hund soll zielstrebig innerhalb einer halben Minute den

Die Hölzchen dürfen sowohl in einer Reihe als auch im Kreis ausgelegt werden.

markierten Gegenstand finden und seinem Hundeführer übergeben. Auch hier darf der Hund zur Übergabe einen Vorsitz zeigen, bevor er direkt die Grundstellung einnimmt. Die Übung ist nach Ansage des Stewards beendet.

Merke:
Im Wettkampf bekommt jeder Starter sechs neue Gegenstände zur Verfügung gestellt.

Der Leistungsrichter wird vor dieser Übung besonders darauf achten, dass Sie nicht das Maul Ihres Hundes anfassen. Das hat folgenden Hintergrund: Würden Sie ein Hölzchen mit dem Speichel Ihres Hundes markieren, wäre dies für den Hund ein Vorteil. Denn „sein eigenes Hölzchen" würde er ganz schnell identifizieren können.

Die Gegenstände müssen am Wettkampftag für alle Starter in der gleichen Form ausgelegt werden, die Position des zu suchenden Gegenstandes kann jedoch variieren. Ist eine horizontale Linie aufgebaut, darf das zu suchende Geruchshölzchen nie an den äußeren Positionen liegen.

Bewertung

Der OB-LR wird nach folgenden Kriterien bewerten:
- Arbeitswilligkeit und Tempo.
- Knautschen oder Beißen auf dem Geruchshölzchen.
- Fallenlassen des Gegenstandes.
- Zusätzliche Hörzeichen.

Punktabzüge gibt es bei:
- Je Zusatzkommando: 2.
- Der Hundeführer gibt Kommando vor Anweisung des Stewards: 2.
- Der Hund lässt das Geruchsholz fallen: 3.
- Der Hund lässt das Geruchsholz fallen und erhält ein Kommando: 5.
- Der Hund lässt das Geruchsholz fallen, der Hundeführer hebt es auf: 5.
- Knautschen: maximal 5.
- Der Hundeführer nimmt dem Hund das Geruchsholz vor Anweisung des Stewards ab: 2.
- Der Hund arbeitet träge: maximal 4.
- Schräge Endgrundstellung: maximal 2.

Es ist nicht fehlerhaft, wenn der Hund die Hölzchen beim Suchen beschnüffelt oder berührt. Verschiebt der Hund das Hölzchen, wird die Übung nicht mehr wie in der bisherigen Prüfungsordnung mit null Punkten bewertet, sondern nur noch mit einem Punktabzug geahndet.

Es werden keine Punkte abgezogen, wenn der Hund nach der Aufnahme des Hölzchens nochmals nachgreift, um seinen Griff zu verbessern.

Die Übung ist mit 0 Punkten zu bewerten:
- Der Hund riecht oder berührt den Gegenstand, bevor er an den Steward zur Auslage gegeben wurde.
- Der Hundeführer gibt seinem Hund ein Kommando, während sich dieser über den Hölzern zur Geruchsidentifikation befindet.

- Zerbrechen des Geruchshölzchens.
- Der Hund bringt das falsche Hölzchen.
- Der Hund hebt das falsche Hölzchen auf, legt es ab und bringt das richtige Hölzchen.
- Der Hund lässt das Hölzchen zwei Mal fallen.
- Der Hundeführer gibt ein Handzeichen zum Schicken des Hundes.

Trainings- und Wettkampftipps

Übereifrigen Hunden kann es helfen, dass Sie von der vorangegangen Übung bis zum Übungsbeginn der Geruchsunterscheidung auffallend ruhig bis zum nächsten Startpunkt wechseln.

Detaillierte Trainingstipps zur Geruchsunterscheidung finden Sie im Kapitel „Elemente“ unter „Identifizieren und Apportieren eines Gegenstands“ (S. 54).

Übung 10: Kontrolle auf Distanz

- Erlaubte Anzahl der Kommandos, ohne einen Punktabzug zu erhalten: 9.
- Empfohlene Kommandos: WARTE, SITZ, STEH (2x), PLATZ (3x), FUSS.

Übungsablauf

Befindet sich das Team in Grundstellung, beginnt der Steward die Übung. Nach Anweisung legt der Hundeführer seinen Hund an einem vorgegebenen Platz ab und verlässt diesen. Zur korrekten Bewertung kann eine Linie auf den Boden gezogen sein, auf die der Hund seine Position, vorzugsweise mit dem Gesäß, einnehmen sollte. Der Hundeführer begibt sich zu einer etwa 15 m entfernt liegenden gekennzeichneten Stelle. Parallel dazu stellt sich der Steward ungefähr 3 m vom Hund auf. Mit beschrifteten Tafeln oder Zeichnungen zeigt der Steward dem Hundeführer die Reihenfolge der Positionswechsel an. Die Abfolge der Positionswechsel kann variieren, muss aber für alle Teilnehmer am Wettkampftag gleich sein. Die Zeit zwischen den einzelnen Positionswechseln beträgt drei Sekunden. Nachdem Ihr Hund alle Positionen gezeigt hat, gehen Sie nach Aufforderung auf die rechte Seite Ihres Hundes zurück. Stellen sich ruhig neben Ihrem Hund auf. Daraufhin wird Ihnen der Steward den Auftrag geben, Ihren Hund in die Fußposition zu rufen. Danach wird die Übung beendet.

Beim Auslegen der Geruchshölzchen darf der Hundeführer nicht zusehen.

Typisch verlangte Abfolgen sind: Sitz-Steh-Platz-Steh-Sitz-Platz, aber auch Steh-Sitz-Platz-Sitz-Steh-Platz. Der nachstehende Positionswechsel kommt zwar eher selten vor, ist aber nicht unmöglich: Sitz-Platz-Steh-Sitz-Steh-Platz.

Merke:
Vor dem Verlassen und bei der Rückkehr des Hundeführers liegt der Hund immer in der Platzposition.

Bewertung

Der OB-LR wird nach folgenden Kriterien bewerten:

- Zusätzliche Hörzeichen.
- Die gesamte Strecke der Vorwärts- und Rückwärtsbewegungen des Hundes während der Positionswechsel.
- Die Arbeitsgeschwindigkeit des Hundes.
- Das Auslassen einer oder mehrerer Positionen.
- Eigenständiges Arbeiten des Hundes.
- Dauer und Intensität der gegebenen Hör- und Sichtzeichen.

Punktabzüge gibt es bei:

- Dem ersten Zusatzkommando: 2.
- Jedem weiteren Zusatzkommando, sofern die Position nach dem ersten Kommando eingenommen wurde: 1.
- Der Hundeführer gibt Kommando vor Anweisung des Stewards: 2.
- Einer falschen Position: 3.
- Der Hund geht vor Anweisung in die Grundstellung: 2.
- Der Hund bewegt sich eine halbe Körperlänge: maximal 2,5.
- Der Hund bewegt sich eine ganze Körperlänge: maximal 5.
- Der Hund nimmt eigenständig die Endgrundstellung ein: 2.
- Schräger Endgrundstellung: maximal 2.

Die Übung ist mit 0 Punkten zu bewerten bei:

- Zwei falsch gezeigten Positionen.
- Der Hund überspringt eine Position.
- Der Hund zeigt eine Gesamtbewegung von über einer Körperlänge.

Trainings- und Wettkampftipps

Detaillierte Trainingstipps zur Distanzkontrolle finden Sie im Kapitel „Elemente“ unter „Kontrolle auf Distanz“ (S. 60).

Ausblick

Erfahrungsgemäß wird das Obedience-Reglement (national und international) alle fünf Jahre geändert. Für dieses Buch wurde die Prüfungsordnung der internationalen Klasse 1 und Klasse 2, gültig ab dem 1. Januar 2012 mit Übergangsregelung in Deutschland bis zum 1. Januar 2013, berücksichtigt. Die hier beschriebene internationale Klasse 3 hat ihre Gültigkeit seit dem 1. Januar 2011.

Nach dem derzeitigen Stand der Dinge halten Kenner der Szene eine nationale Änderung der Beginner-Klasse in Deutschland zum 1. Januar 2013 für möglich. Die Informationen in diesem Kapitel sind daher mit Vorbehalt zu sehen.

Wie also könnte sich Obedience in der Beginner-Klasse entwickeln? Ein Ausblick.

Beginner-Klasse: Ausblick 2013 im Überblick

	Übung	Koeffizient	Punkte
1	Verhalten gegenüber anderen Hunden	4	40
2	Stehen aus der Bewegung / Betasten	3	30
3	Liegen mit Sichtkontakt (1 Minute), Abstand 20 Meter	3	30
4	Leinenführigkeit	3	30
5	Sitz aus der Bewegung	2	20
6	Voraussenden in ein Quadrat, Abstand 10 Meter	3	30
7	Abrufen, Abstand 20 Meter	2	20
8	Apportieren	3	30
9	Distanzkontrolle, Abstand 5 Meter	3	30
10	Gesamteindruck der Arbeitsweise des Teams	2	20
Gesamtpunktzahl		28	280

Die voraussichtliche Bewertung für die Beginner-Klasse soll lauten:
Vorzüglich: 224–280 Punkte = 80 %
Sehr gut: 196–223,5 Punkte = 70 %
Gut: 140–195,5 Punkte = 50 %

Die neue Beginner-Klasse im Detail

Nach der neuen Prüfungsordnung werden die einzelnen Übungen in der Beginner-Klasse vermutlich wie folgt ausehen.

Übung 1: Verhalten gegenüber anderen Hunden

- Empfohlenes Kommando: *FUSS.*

Übungsablauf

Die Teams stehen in einem Abstand von 3 m nebeneinander in einer Reihe. Die angeleinten Hunde sitzen neben den Hundeführern in Grundstellung. Beginnend bei Team Nummer eins umrunden sich die Teilnehmer nach und nach gegen den Uhrzeigersinn. Um die volle Punktzahl zu erhalten, sollte der Abstand zwischen dem absolvierenden Team und den anderen Teilnehmern 1 m betragen.

Das Verhalten der Hunde muss freundlich oder gleichgültig, keinesfalls feindlich oder störend sein. Hunde, die sich anderen Hunden gegenüber auffällig verhalten, werden disqualifiziert und dürfen nicht mehr weiter am Wettkampf teilnehmen.

Das bleibt: Auch nach der neuen Prüfungsordnung muss sich der Hund höchstwahrscheinlich in sein Maul schauen lassen.

Übung 2: Stehen aus der Bewegung / Betasten

- Empfohlene Kommandos: *FUSS, STEH, SITZ, FUSS.*

Übungsablauf

Der Hundeführer darf seinen Hund vor dieser Übung ableinen. Wird der Hund jedoch an der Leine vorgeführt, muss diese durchhängen. Auf Anweisung tritt das zu prüfende Team aus der Gruppe vor. Nach einigen Metern erhält der Hundeführer die Anweisung anzuhalten. Er stellt sich vor seinen Hund und gibt ihm die Anweisung zum Stehen. Der Hundeführer darf für das Kommando ein Hörzeichen und ein Sichtzeichen verwenden. Beide Zeichen müssen kurz und gleichzeitig erfolgen.

Daraufhin soll sich der Hund im Stand von allen Seiten anfassen lassen. Er muss dabei ruhig stehen bleiben ohne sich zu winden oder auszuweichen. Eine geringe Fortbewegung ist erlaubt und führt nicht zu Punktverlust. Es ist dem Hundeführer gestattet, während dem Betasten beruhigend mit seinen Hund zu sprechen. Allerdings darf hierbei kein Hörzeichen wie beispielsweise *STEH* gegeben werden. Nach erfolgter Betastung stellt sich der Hundeführer wieder neben seinen Hund und gibt ihm ein Hörzeichen zur Grundstellung. Auf Anweisung des Stewards kehrt das Team in die Gruppe zurück.

Übung 3: Liegen mit Sichtkontakt (1 min), Abstand 20 m

- Empfohlene Kommandos: *PLATZ, WARTE, SITZ.*

Übungsablauf

Die Hundeführer nehmen der Startnummer entsprechend ihren Platz in einer Reihe auf. Der Abstand von Team zu Team beträgt 3 m, die Hunde befinden sich in der Grundstellung. Das Ablegen der Hunde aus der Grundstellung erfolgt nacheinander von links nach rechts. Der Steward gibt die Anweisung, wann das Kommando gegeben werden soll. Auf Anweisung verlassen die Hundeführer ihre Hunde, gehen 20 m in gerader Richtung weg und drehen sich zu den Hunden um. Die Hundeführer stehen zwei Minuten lang in natürlicher Haltung mit Sicht zum Hund. Die Hundeführer werden nach Ablauf der Zeit dazu aufgefordert, zu ihren Hunden zurückzugehen. Haben die Hundeführer ihre Position eingenommen, werden Sie nacheinander von rechts nach links dazu aufgefordert, ihre Hunde in die Grundstellung zu kommandieren, sodass der erste Hund, der sich abgelegt hat, als letztes wieder in die Sitzposition geht. Ist dies erfolgt, wird die Übung beendet.

Merke:
Die Hundeführer sind angehalten, ihre Kommandos nicht zu laut zu geben. Dies könnte die anderen Hunde beeinflussen und wird stark bestraft.

Übung 4: Leinenführigkeit

- Empfohlenes Kommando: *FUSS*.

Übungsablauf

Der Hundeführer stellt sich mit seinem Hund in Grundstellung auf und erhält vom Steward die Anweisungen, beginnend mit „Vorwärts". Bei jedem Angehen und Tempowechsel darf das Kommando *FUSS* gegeben werden. Zum Anhalten und für das Laufen im Winkel wie bei den Kehrtwendungen darf kein Hör- oder Sichtzeichen gegeben werden. Die Übung wird vom Steward beendet.

Anweisungen:
- Vorwärts.
- Rechts.
- Links.
- Kehrtwendung.
- Laufschritt.
- Halt.

Bei *RECHTS* und *LINKS* muss die Richtungsänderung mit einem Winkel von 90° ausgeführt werden. Bei *KEHRTWENDUNG* kann nach Wahl des Hundeführers eine Links- oder Rechtskehrtwendung gezeigt werden. Im Laufschritt sollen keine Winkel und Wendungen gezeigt werden. Hält der Hundeführer an, muss der Hund selbstständig die Grundstellung einnehmen. Bei jedem Angehen und Tempowechsel darf ein Hörzeichen gegeben werden.

Die Leine wird vom Hundeführer in der linken Hand getragen. Der Hund muss an der linken Seite des Hundeführers geführt werden. Der Hund sollte seinem Hundeführer mit der Schulter auf Kniehöhe und an lockerer Leine folgen. Der Hund darf zu keiner Zeit seinen Hundeführer bei seinen Bewegungen behindern oder bedrängen.

Übung 5: Sitz aus der Bewegung

- Empfohlene Kommandos: *FUSS*, *SITZ*.

Übungsablauf

Der Hundeführer geht mit seinem Hund vom Startpunkt in einer geraden Linie in normaler Gangart los. Nach ungefähr 10 m gibt der Hundeführer, ohne seine Gangart zu verändern, das Kommando zum Sitzen. Der Hund muss das Kommando unverzüglich ausführen. Der Hundeführer geht wiederum etwa 10 m weiter bis zu einer Markierung. Dort führt er auf Anweisung eine Kehrtwendung aus, geht zu seinem Hund zurück und nimmt die Grundstellung ein. Alle Phasen der Übung werden auf Anweisung des Stewards ausgeführt.

Sind diese zwei ein harmonisches Team? Wenn Vertrauen und Lob das Miteinander bestimmen, wird dies in Übung 10 honoriert.

Übung 6: Voraussenden in ein Quadrat, Abstand 10 m

- Empfohlene Kommandos: *BOX*, *STEH*, *PLATZ*, *SITZ*.

Übungsablauf

Das Quadrat, umgangssprachlich auch die Box genannt, ist 3 × 3 m groß und sollte nicht näher als 3–5 m an der Ringbegrenzung platziert sein. Pylonen markieren die Ecken des Quadrats. Sichtbare Linien (z. B. ein Band, Kreidemarkierungen) müssen die Außenlinien der Pylonen verbinden. Die Distanz von 10 m wird vom Startpunkt bis zum Mittelpunkt des Quadrats gemessen.

Der Hundeführer nimmt am Startpunkt Aufstellung. Nun wird er angewiesen, seinen Hund in das Quadrat zu schicken. Sobald der Hund die Box erreicht hat, gibt ihm der Hundeführer den Befehl zum Stehen und Hinlegen bzw. direkt zum Hinlegen. Auf Anweisung geht der Hundeführer neben seinen Hund und bringt ihn in die Grundstellung. Danach wird die Übung vom Steward beendet.

Sichtzeichen sind nicht erlaubt. Sofern der Hundeführer im Quadrat kein Stehkommando gibt, dürfen in dieser Übung nur drei Hörzeichen benutzt werden, um die volle Punktzahl zu erhalten. Alle Phasen der Übung außer dem Steh- und/oder Platzkommando werden auf Anweisung des Stewards ausgeführt.

Übung 7: Abrufen, Abstand 20 m

- Empfohlene Kommandos: *PLATZ*, *HIER*, bei Vorsitz plus *FUSS*.

Übungsablauf

Auf Anweisung wird der Hund in die Platzposition gebracht. Der Hundeführer entfernt sich 20–25 m zu einem markierten Punkt.
Hier stellt er sich mit Blick zum Hund auf.
Auf Anweisung ruft der Hundeführer nun den Hund zu sich. Dieser muss das Hörzeichen ohne zu zögern umsetzen und in einem schnellen Tempo in gerader Linie kommen.
Die Übung endet in der Grundstellung. Das Fußkommando darf nur dann gegeben werden, wenn der Hund einen Vorsitz zeigt.

Übung 8: Apportieren

- Empfohlene Kommandos: *WARTEN, BRING, AUS*, bei Vorsitz plus *FUSS*.

Übungsablauf

Der Hundeführer verlässt seinen Hund vom Startpunkt aus in Richtung einer 5 m entfernten Markierung. Auf dieser Strecke legt der Hundeführer sein eigenes Apportel an einem beliebigen Punkt ab. An der Markierung dreht sich der Hundeführer selbstständig zu seinem Hund um. Auf Anweisung gibt der Hundeführer seinem Hund das Hörzeichen zum Apportieren. Der Hund muss auf direktem Weg das Apportel aufnehmen und zu seinem Hundeführer bringen. Der Hund muss das Apportel festhalten bis der Hundeführer dem Hund auf Anweisung das Hörzeichen zum Auslassen gibt. Die Übung endet in der Grundstellung.

Es steht dem Hundeführer frei, ein Holzapportel (maximal 450 g) oder ein Metallapportel (maximal 200 g) zu benutzen.

Übung 9: Distanzkontrolle, Abstand 5 m

- Empfohlene Kommandos: *PLATZ, SITZ, PLATZ, SITZ*.

Übungsablauf

Am Startpunkt gibt der Hundeführer auf Anweisung des Stewards seinem Hund das Platzkommando. Hinter dem Hund wird in Form einer imaginären Linie zwischen zwei Markierungen eine Begrenzung gezogen. Der Hundeführer verlässt den Hund und geht zu einem vorgegebenen Punkt in einer Entfernung von ungefähr 5 m. Der Hund muss nun seine Position zweimal verändern (*SITZ, PLATZ*) und dabei an seinem ursprünglichen Platz bleiben. Nach dem letzten Kommando für das Hinlegen kehrt der Hundeführer auf Anweisung zu seinem Hund zurück und bringt ihn in die Grundstellung.

Der Steward zeigt dem Hundeführer die Positionswechsel an, indem er beschriftete Tafeln, Zeichnungen oder ein elektrisches Anzeigegerät verwendet. Während der Steward die Anweisungen anzeigt, darf er den Hund nicht sehen. Er sollte einen Abstand von 3–5 m zum Hund einhalten. Der Steward ändert die Anzeigen ungefähr alle drei Sekunden. Der Hundeführer darf als Positionswechselkommando Hör- und Sichtzeichen verwenden. Diese dürfen nur kurz sein und müssen gleichzeitig erfolgen.

Übung 10: Gesamteindruck

- Empfohlene Kommandos: *je nach Übung*.

Übungsablauf

Diese Übung ist kein eigenständiger Prüfungspunkt, sondern wird im Ablauf der Prüfung mitbeurteilt. Diese Bewertung dient der Anregung, dass der Hund am Ende einer jeden Übung belohnt werden soll. Am Verhalten des Hundeführers und des Hundes wird beurteilt, ob zwischen den beiden die gewünschte Verständigung vorhanden ist. Der Hund soll das gesamte Programm freudig erarbeiten. Die Genauigkeit und die Präzision sind wichtig, zudem der natürliche Bewegungsablauf von Hundeführer und Hund. Die Aktivitäten des Teams während und zwischen den Übungen fließen in die Bewertung mit ein. In dieser Übung werden auch unerwünschte Aktionen des Hundes bestraft, wie Verlassen des Rings oder Lösen im Ring.

Service

Zum Weiterlesen

Bodein, Angelika: Mentaltraining für Hundesportler. Erfolgreich mit der richtigen Einstellung. Kynos Verlag, Nerdlen/Daun 2006

Bruns, Sabine und Lausberg, Frank: Sport mit dem Hund. Der gesunde Konditionsaufbau. Cadmos Verlag, Schwarzenbek 2006

Gräff, Christiane und Meermann, Silke: Osteopathie bei Hunden. Verlag Eugen Ulmer, Stuttgart 2009

Mauring, Alexandra und Lutsch, Günter M.: Massage und Physiotherapie bei Hunden. Beweglichkeit verbessern und Schmerzen lindern. Verlag Eugen Ulmer, Stuttgart 2007

Pietralla, Martin: Clickertraining für Hunde. Kosmos Verlag, Stuttgart 2003

Sinner, Monika: Clickertraining mit dem Hund. Verlag Eugen Ulmer, Stuttgart 2006

Sinner, Monika: Clickern bis zur Prüfungsreife. Verlag Eugen Ulmer, Stuttgart 2006

Theby, Viviane: Verstärker verstehen. Über den Einsatz von Belohnung im Hundetraining. Kynos Verlag, Nerdlen/Daun 2011

Theby, Viviane: Verstehe Deinen Hund. Kommunikationstraining für Hundefreunde. Kosmos Verlag, Stuttgart 2006

Sondermann, Christina: Einfach schnüffeln! Nasenspiele für den Hundealltag. Verlag Eugen Ulmer, Stuttgart 2011

Sondermann, Christina: Das große Spielebuch für Hunde. Beschäftigungsideen, Spaß im Hundealltag. Cadmos Verlag, Schwarzenbek 2011

Warnat, Beate und Kühnau, Dorothee: Hundephysiotherapie. Fit und gesund durch Krankengymnastik. Cadmos Verlag, Schwarzenbek 2006

Link-Tipps

www.obedience-fci.com/english.htm
Die Fédération Cynologique Internationale informiert hier über alle Änderungen und Neuerungen im Obedience-Sport.

www.obedience.de
Zahlen und Fakten über Obedience, Formulare zur Prüfungsanmeldung usw.

www.hundesportgeraete-carl.de
Shop für hochwertige Obedience-Ausstattung (z. B. Apportel und Hürden).

shop.obedience.de
Shop für Obedience-Zubehör (z. B. Boxband).

www.obedience-austria.at
Alle wichtigen Obedience-Termine, -Ordnungen und -Ergebnisse für Österreich.

www.obedience.ch
Tipps und Tricks rund um Obedience mit Videos usw. Ergebnisse, Änderungen und Neuerungen für die Schweiz und darüber hinaus.

www.obedienceuk.com
Englische Obedience-Plattform mit allen wichtigen Informationen.

Nützliche Adressen

Fédération Cynologique Internationale (FCI)
Place Albert 1er, 13
B-6530 Thuin
Belgien
Internet: www.fci.be

Verband für das Deutsche Hundewesen (VDH)
Westfalendamm 174
44141 Dortmund
Internet: www.vdh.de

Österreichischer Kynologenverband (ÖKV)
Siegfried-Marcus-Str. 7
A-2362 Biedermannsdorf
Österreich
Internet: www.oekv.at

Schweizerische Kynologische Gesellschaft (SKG)
Brunnmattstrasse 24
CH-3007 Berne
Schweiz
Internet: www.skg.ch

Deutscher Hundesportverband e. V. (dhv)
Ennertsweg 51
58675 Hemer
Internet: www.dhv-hundesport.de

Deutscher Verband der Gebrauchshundsportvereine (DVG)
Ennertsweg 51
58675 Hemer
Internet: www.dvg-hundesport.de

Glossar

Apportel (Metall-, Holz-): Ein Apportel hat die Form einer Hantel. Ein Holzapportel darf maximal 450 g, ein Metallapportel maximal 200 g wiegen. Am Wettkampftag müssen von jeder Sorte (Holz- sowie Metallapportel) mindestens drei Stück in drei verschiedenen Größen und Gewichten zur Verfügung stehen.
Beschwichtigungssignale: Unsere Hunde senden immer dann Beschwichtigungssignale aus, wenn sie etwas bzw. jemand beunruhigt oder stresst. Sie beschwichtigen damit ihr Gegenüber und vermeiden so Auseinandersetzungen. Das Überlecken des Nasenschwammes ist eines von vielen möglichen Beschwichtigungssignalen.
Bindung: Unter Bindung verstehen wir hier das Verhältnis zwischen Mensch und Hund. Die Bindung ermöglicht es uns, auch dann noch auf unseren Hund einwirken zu können, wenn er von Umweltreizen abgelenkt wird.
Box: Hier handelt es sich um einen umgangssprachlichen Ausdruck. In der Prüfungsordnung wird die Box als 3 × 3 m großes Quadrat bezeichnet. Regional wird die Box auch Carré genannt.
Cavaletti-Training: Cavaletti sind leicht erhöhte Bodenstangen, die ursprünglich aus dem Reitsport stammen. Sie werden in regelmäßigen Abständen aufgereiht und dienen unter anderem der gezielten Gymnastizierung der Hunde.
Clicker: Der Clicker ist ein kleines Ausbildungsinstrument, das einem Knackfrosch ähnelt. Mit dem Click vermitteln Sie Ihrem Hund, dass er seine Sache gut gemacht hat. Beim Einsatz des Clickers fordern Sie die Eigeninitiative Ihres Hundes. Anfangs ist es für Ihren Hund noch ein bedeutungsloses Geräusch, später wird der Click zum konditionierten Bestärker.
Crufts: Einmal im Jahr treffen sich Hundeaussteller und Hundesportler in Birmingham zur weltgrößten Hundeausstellung, der Crufts, um sich in Wettkämpfen zu messen.
dhv: Der Deutsche Hundesportverband e.V. steht Hundebesitzern mit Rat und Tat bei der Erziehung und Ausbildung ihrer Tiere zur Seite.
Distanzkontrolle: Eine Übung in Obedience. Je nach Leistungsklasse entfernt sich der Hundeführer zwischen 5 und 15 m und gibt von dort Hör- und/oder Sichtzeichen für die Positionen *SITZ, PLATZ* oder *STEH*.
DVG: Deutscher Verband der Gebrauchshundsportvereine.
Eigenidentifikation: Eine Übung in Obedience. Der Hund muss das Hölzchen, das sein Hundeführer kurz vorher in der Hand gehabt hat, aus fünf gleich aussehenden Hölzchen auswählen.
Elefantenübung: Eine Trainingsform für eine geschmeidige Hinterhand des Hundes. Sinnvoll bei der Ausführung der Distanzkontrolle oder in der Fußarbeit.
FCI: Die Fédération Cynologique Internationale (FCI) ist die Weltorganisation der Kynologie. Sie umfasst zurzeit 86 Mitglieds- und Partnerländer (nur ein Verband pro Land).
Frustrationstoleranz: Die Frustrationstoleranz ist eine Persönlichkeitseigenschaft. Sie beschreibt die individuelle Fähigkeit, eine frustrierende Situation über längere Zeit auszuhalten, ohne die objektiven Faktoren der Situation zu verzerren.
Grundstellung: Der Hund sitzt mit seiner Schulter auf Kniehöhe des Hundeführers an dessen linker Seite (kleinere Hunde entsprechend ihrer Größe auf Wadenhöhe). Jede Übung in Obedience beginnt und endet mit der Grundstellung.
Jackpot: Als sogenannter Jackpot werden ganz besonders gut schmeckende Leckerlis oder eine lecker gefüllte Futtertube verwendet, um damit besondere Fortschritte beim Erlernen einer Übung zu bestärken.
Kehrtwendung: Die Kehrtwendung ist ein 180°-Richtungswechsel. Im Obedience sind beide Arten der Kehrtwendungen erlaubt, sowohl das Drehen zum Hund (sportliche Wendung) oder das Drehen mit dem Hund.
Knautschen: Das Kauen der Apportels oder des Hölzchen bei der Geruchsunterscheidung wird Knautschen genannt.
Kommando: Mit dem Kommando machen Sie Ihrem Hund die Ansage zur gewünschten Ausführung der Übung. Das Kommando kann je nach Vorschrift in der Prüfungsordnung ein Hör- oder Handsignal sein. Wenn beide erlaubt sind, dürfen diese nicht versetzt gegeben werden. Ein Wortkommando sollte maximal zweisilbig sein.
Körperhilfen: Körperhilfen sind körperlich ausdrucksstarke Bewegungen, um den Hund in die gewünschte Position zu manövrieren. Diese Hilfen werden in Prüfungen mittlerweile mit Punktabzug bestraft.
Küchentraining: So nennt man ein Training in einem neutralen, reizarmen Raum (z.B. in der Küche), um Genauigkeit für bestimmte Übungen zu trainieren.
Laufschema: Der Weg, den der Hundeführer während der Fußarbeit läuft. Die verlangten Richtungen, Seitwärtsschritte, Kehrtwendungen usw. werden vom

Ringsteward kurz vorher angesagt.
Meideverhalten: Eine angeborene Verhaltensweise. Der Hund zeigt Meideverhalten, wenn er sich einer Situation entziehen möchte.
Motivationsspiele: Spiele zwischen Hundeführer und Hund, die die Arbeitszeit des Hundes auflockern und ihn dennoch konzentriert lassen.
Quadrat: Siehe Box.
Ranking: Bewertung in Prüfungen. Der Leistungsrichter bewertet jede Übung nach verschiedenen Kriterien. Ein Rankingpunkt kann beispielsweise das Arbeitstempo sein.
Shapen/Shaping: Schrittweise Erarbeitung einer Übung mit Hilfe des Clickers.
Signalkontrolle: Eine Übung um abzusichern, ob der Hund das verlangte Kommando ohne Führerhilfen und Blickkontakt des Hundeführers verstanden hat.
Steward: Der Steward oder auch Ringsteward gibt dem Hundeführer genaue Anweisungen, was als nächstes während einer Obedience-Prüfung zu tun ist.
Stimm-Modulation: Einsetzen von verschiedenen Ausdrucksweisen der Stimme.
Take-it-Spiel: Ein Training für das Apportieren, insbesondere des Metallapports.
Target: Ein „Ziel", z. B. ein 5 × 5 cm großes Acrylglasplättchen. Das Target ist hilfreich zur zielorientierten Arbeit für die Box.
VDH: Verband für das Deutsche Hundewesen. Der VDH ist die führende Interessenvertretung aller Hundehalter in Deutschland und die erste Adresse rund um das Leben mit Hund, den Hundesport und die Hundezucht.
Verknüpfung: Hunde lernen am schnellsten und sichersten durch positive Verknüpfung, wie z. B. eine Belohnung durch Leckerbissen, Loben, Spielen oder Streicheln.
Verleitung: Eine Ablenkung. Ein Hund soll lernen, seine gestellte Aufgabe zu erfüllen und einer Verleitung, z. B. einem Ball, zu widerstehen.

Register

Dank der Autorin

Ein Buch ist keineswegs nur das Werk des Autors. Ohne die Hilfe vieler anderer Menschen würde es ein sehr fehlerhaftes und nicht sehr ansehnliches Ding werden. Daher möchte ich mich an dieser Stelle bei allen bedanken, die wissentlich oder unbewusst an der Entstehung dieses Buches beteiligt waren.

Mein erster Dank geht an meine Familie, insbesondere an meinen Mann Torsten. Wenn mich die Tastatur mal wieder nicht losgelassen hat, war er es, der mich mit Essen und Getränken versorgt hat. Doch auch meine drei Kinder Marvin, Saskia und Patrick haben einen sehr großen Teil dazu beigetragen, dass ich dieses Buch schreiben konnte. Sie haben sich in Rücksicht geübt und sind meiner Bitte nachgekommen, still zu sein, wenn ich mich besonders konzentrieren musste.

Mein zweiter Dank geht an meine drei Border Collies Scotty, Silver und Rontti und all den sanften, frechen, intelligenten und anspruchsvollen Hunden, die mich immer aufs Neue in meinen Seminaren und Trainingsstunden fordern.

Ein Buch ohne Fotos ist wie ein Lied ohne Noten. So danke ich Anna Auerbach für jedes einzelne Foto in diesem Buch. Sie hat den gewissen Blick für die Details und die Ruhe, die bei der Arbeit mit Hunden nötig ist.

Für die Darstellung der einzelnen Übungen auf den Fotos benötigt man Hundemodels und ihre Besitzer und so danke ich den zahlreichen Hunden aus meinem Bekanntenkreis und den Mitgliedern aus dem Hundeverein Fetzige Hund' e. V. in Neudorf.

Ich danke allen Obedience-Leistungsrichtern und -Trainern aus dem In- und Ausland, die mich mit ihrem Wissen bei meinen speziellen Fragen unterstützt haben. Susanne Huber danke ich für ihre Ausführungen über die Entstehung des Obedience-Sports. Regina Leeb danke ich für ihre fachkundige Unterstützung bei allen medizinischen Aspekten.

Wenn das letzte Wort geschrieben ist, ist ein Buch noch lange nicht fertig. Und so bedanke ich mich bei meinen Lektorinnen Antje Springorum, Kathrin Gutmann und Adina Lietz.

Ich wünsche Ihnen, dass Sie mit Ihrem Hund bei allen gestellten Aufgaben eine große Seifenblase bilden können, in der nur Sie und Ihr Hund gemeinsam Platz finden. Dann können Sie als Team Obedience in allen Facetten genießen.

Ihre Sabine Witfeld

Sabine Witfeld mit zwei ihrer drei Hunde: Silver und Scotty.

Bildquellen

Alle Fotos bis auf die folgenden stammen von Anna Auerbach, „Fotografie Anna Auerbach" (www.hundefotografie.net):
CALLALLOO Canis/Fotolia.com: S. 23
Jasmin Jacobi: S. 102
JM Fotografie/Fotolia.com: S. 39
Kitty/Fotolia.com: S. 88
Stefan Körber/Fotolia.com: S. 10
Adina Lietz: S. 63
Zeichnungen: Nach Vorlagen der Autorin fertigte Helmuth Flubacher, „Flubacher Grafisches Atelier" (www.flubacher.de), die Zeichnungen.

Die in diesem Buch enthaltenen Empfehlungen und Angaben sind von der Autorin mit größter Sorgfalt zusammengestellt und geprüft worden. Eine Garantie für die Richtigkeit der Angaben kann jedoch nicht gegeben werden. Autorin und Verlag übernehmen keinerlei Haftung für Schäden und Unfälle. Der Leser sollte bei der Anwendung der in diesem Buch enthaltenen Empfehlungen sein persönliches Urteilsvermögen einsetzen.

Bibliografische Information der Deutschen Nationalbibliothek
Die Deutsche Nationalbibliothek verzeichnet diese Publikation in der Deutschen Nationalbibliografie; detaillierte bibliografische Daten sind im Internet über http://dnb.d-nb.de abrufbar.

Wollgrasweg 41, 70599 Stuttgart (Hohenheim)
E-Mail: info@ulmer.de
Internet: www.ulmer.de

Lektorat: Adina Lietz, Kathrin Gutmann
Herstellung: Ulla Stammel
Umschlagentwurf: red.sign, Anette Vogt, Stuttgart
Titelbild: Anna Auerbach, „Fotografie Anna Auerbach" (www.hundefotografie.net)
Satz: r&p digitale medien, Echterdingen
Druck und Bindung: Firmengruppe Appl, aprinta Druck, Wemding
Printed in Germany

ISBN 978-3-8001-5554-5